Denise Ortigosa Stolf
Tulio Hallak Panzera
Francisco Antonio Rocco Lahr

Impregnação de Madeira com Estireno e Metacrilato de Metila

Denise Ortigosa Stolf
Tulio Hallak Panzera
Francisco Antonio Rocco Lahr

Impregnação de Madeira com Estireno e Metacrilato de Metila

ScienciaScripts

Imprint

Any brand names and product names mentioned in this book are subject to trademark, brand or patent protection and are trademarks or registered trademarks of their respective holders. The use of brand names, product names, common names, trade names, product descriptions etc. even without a particular marking in this work is in no way to be construed to mean that such names may be regarded as unrestricted in respect of trademark and brand protection legislation and could thus be used by anyone.

Cover image: www.ingimage.com

This book is a translation from the original published under ISBN 978-620-2-09412-2.

Publisher:
Sciencia Scripts
is a trademark of
Dodo Books Indian Ocean Ltd. and OmniScriptum S.R.L publishing group

120 High Road, East Finchley, London, N2 9ED, United Kingdom
Str. Armeneasca 28/1, office 1, Chisinau MD-2012, Republic of Moldova, Europe
Printed at: see last page
ISBN: 978-620-7-96651-6

RESUMO

Denise Ortigosa Stolf: Possui graduação em Física pela Universidade Estadual Paulista "Júlio de Mesquita Filho" (1998), mestrado em Ciência e Engenharia de Materiais pela Universidade de São Paulo (2000) e doutorado em Ciência e Engenharia de Materiais pela Universidade de São Paulo (2005). Professor da Unidade Central da Faem (UCEFF - Chapecó/SC).

Tulio Hallak Panzera: Pós-Doutor em Engenharia Aeroespacial pela University of Bristol (Inglaterra) (2014), Doutor Sanduíche em Projeto Mecânico pela Universidade Federal de Minas Gerais (UFMG) e pela University of Bath (Inglaterra) (2007), Mestre em Engenharia Mecânica nos Processos de Fabricação (2003) e graduado (2001) em Engenharia Mecânica pela UFMG. Professor do Programa de Pós-Graduação em Engenharia Mecânica (PPMEC) e da Pós-Graduação em Física e Química dos Materiais (FQMat) da Universidade Federal de São João del-Rei (UFSJ), e Colaborador do Programa de Pós-Graduação em Engenharia Civil do CEFET-MG e em Engenharia de Produção da UFMG.

Francisco Antonio Rocco Lahr: Professor Titular do Departamento de Engenharia de Estruturas da EESC/USP, Engenheiro Civil pela Escola de Engenharia de São Carlos - Universidade de São Paulo (EESC/USP) em 1975, Mestre em Engenharia de Estruturas pela EESC/USP em 1996, Doutor pela EESC/USP em 1983.

RECONHECIMENTO

Os autores agradecem ao Laboratório de Madeiras e Estruturas de Madeira (LaMEM), Departamento de Engenharia de Estruturas (SET), Escola de Engenharia de São Carlos (EESC), Universidade de São Paulo (USP) pelo apoio no desenvolvimento desta pesquisa.

PREÂMBULO

A grande exploração dos recursos florestais nativos no Brasil tem levado à diminuição da oferta das espécies mais utilizadas em diversos setores, notadamente na construção civil e na indústria moveleira. A alternativa mais imediata tem sido o uso de madeira de reflorestamento, obtida a partir de espécies de Eucalyptus e Pinus disponíveis nas regiões sul e sudoeste do país. Entretanto, a maioria dessas espécies não apresenta propriedades físicas e mecânicas adequadas para viabilizar os usos mencionados. Nesse contexto, o objetivo principal deste livro é demonstrar a viabilidade de obtenção de compósitos madeira-polímero (WPCs), que podem apresentar propriedades físicas e mecânicas semelhantes ou superiores às das espécies supracitadas não tratadas, provenientes de regiões de reflorestamento do Brasil. Para atingir esse objetivo, foi realizada a impregnação de Pinus caribaea var. hondurensis e Eucalyptus grandis, que possuem densidade compatível e estão disponíveis em grandes quantidades para permitir tal processamento. No processo, foram utilizados monómeros poliméricos de estireno e metacrilato de metilo com peróxido de benzilo, que funciona como iniciador no processo de polimerização. O método de vácuo-pressão foi utilizado na impregnação da madeira com a solução monómero-indicador. As propriedades dos WPCs - Pinus foram significativamente melhoradas em todos os ensaios, porém, devido à sua baixa permeabilidade, apenas a dureza paralela e perpendicular à grã apresentou aumento para os WPCs - Eucaliptus.

Palavras-chave: Madeira de reflorestação; polímero; compósito madeira-polímero; estireno; metacrilato de metilo.

Denise Ortigosa Stolf

Tulio Hallak Panzera

Francisco António Rocco Lahr

Capítulo 1

Introdução

A madeira, matéria-prima versátil, de aspeto agradável, que apresenta, em geral, fácil trabalhabilidade e elevada resistência mecânica em relação à sua densidade, tem sido utilizada ao longo dos tempos para melhorar a qualidade de vida humana. No entanto, algumas de suas peculiaridades, como a instabilidade dimensional (devido ao processo de secagem ou à variação da umidade relativa do ar) e sua suscetibilidade ao ataque biológico (particularmente em espécies de crescimento rápido, como as de florestas plantadas) restringem seu uso, em diversos casos. Por isso mesmo, observa-se uma preocupação constante dos técnicos e investigadores ligados à indústria da madeira em desenvolver métodos de estabilização dimensional e de preservação da madeira. Tais métodos visam alargar as suas áreas de aplicação e aumentar a sua durabilidade, mantendo a competitividade de preço e o seu desempenho relativamente a outros materiais.

Com o advento dos polímeros sintéticos e com a perspetiva de utilização da radiação na polimerização de diversos monómeros, no período de 1930 a 1960 foram criados novos métodos de estabilização da madeira, levando ao estabelecimento de um material denominado Compósito Madeira-Polímero (Wood- Polymer / Plastic Composites - WPCs), segundo Meyer (1982).

Estes materiais são o resultado da impregnação da madeira por líquidos monómeros ou oligómeros, posteriormente polimerizados no interior da mesma através de radiação γ ou por simples aquecimento utilizando iniciadores químicos de decomposição térmica, conforme Schneider; Witt (2004). Em princípio, com esse tipo de tratamento, pode-se verificar um aumento significativo nas propriedades mecânicas, na estabilidade dimensional, maior resistência química à degradação biológica, e redução na absorção de água pelo compósito em relação à madeira não tratada, conforme Manrich (1984).

O Brasil possui vastas reservas de espécies tropicais. Entretanto, a exploração seletiva e predatória das florestas nativas tem provocado uma redução na oferta de espécies de uso consagrado, cuja demanda continua crescente. Assim, várias dessas espécies, como a Aroeira (*Astronium urundeuva*) e a Cerejeira (*Torresea sp.*), entre outras, encontram-se praticamente esgotadas em suas reservas. Os preços, portanto, atingem níveis proibitivos, culminando por inviabilizar a aplicação desta matéria-prima.

A alternativa para buscar solução para essa questão tem sido o uso de espécies de reflorestamento, principalmente de Eucalyptus e Pinus. Programas governamentais de incentivo, além de ações do setor privado, aumentaram a oferta de madeira de reflorestamento no sul e sudeste do país. Informações do IPEF (Instituto de Pesquisas e Estudos Florestais) (2005) apontam que até o ano de 2002, somente no Estado de São Paulo, havia cerca de 770 mil hectares reflorestados com Eucalipto e Pinus.

Segundo dados da SBS (Sociedade Brasileira de Silvicultura) (2005) verificou-se um aumento no consumo de matéria-prima proveniente de florestas plantadas para obtenção de produtos sólidos de madeira, em relação a uma tendência de queda no consumo de madeira originária de florestas nativas no Brasil, a partir do ano de 1997. Em termos de volume total de madeira consumida, as espécies nativas ainda representam uma fração significativa da matéria-prima consumida. Entretanto, a longo prazo, as perspectivas são de reversão desse quadro.

Segundo Cavalcante (1986), as pesquisas sobre tratamentos da madeira eram, então, mais restritas à impregnação com substâncias preservantes, retardantes de chama e revestimentos superficiais. Mais recentemente, observa-se um aumento no interesse pelo estudo de WPCs obtidos a partir de espécies de reflorestamento.

Mais recentemente, observa-se um aumento no interesse pelo estudo de WPCs obtidos a partir de espécies de reflorestamento. Entretanto, para viabilizar a utilização dessa alternativa, em escala industrial, é fundamental que o comportamento dos WPCs seja bem caracterizado, desde o processo até a obtenção dos requisitos para as diversas aplicações nos segmentos da indústria da construção civil, da indústria moveleira e da indústria de embalagens, entre outros.

Capítulo 2

Justificação

No Brasil, a exploração não racional dos recursos florestais nativos tem provocado uma redução na oferta de espécies de uso consagrado em diversos segmentos, notadamente na construção civil e na indústria moveleira. Como exemplos dessa situação, merecem ser citados o Pau Marfim (*Balfourodendron riedelianum*) para pisos, o Ipê (*Tabebuia sp*) e o Jatobá (*Hymenaea sp*) para estruturas e o Mogno (*Swietenia macrophylla*) para móveis. A alternativa mais imediata para solucionar o problema tem sido o emprego de madeira de reflorestamento, em especial dos gêneros *Eucalyptus* e *Pinus*, freqüentes no sul e sudeste do país.

Além disso, há grande interesse científico e industrial na obtenção de WPCs a partir de espécies de reflorestamento, para consumar o processo de substituição das espécies de uso consagrado por esses produtos.

De acordo com Manrich (1984) e Gomes (1996), até então era reduzido o número de pesquisas para o estudo da resistência e rigidez da madeira impregnada com monómeros poliméricos em comparação com as não impregnadas. Poucas pesquisas estavam sendo desenvolvidas no sentido de analisar a microestrutura dos WPCs e como o polímero se deposita na complexa estrutura da madeira.

Um projeto de pesquisa para estudar as propriedades de madeiras das espécies *Eucalyptus grandis* e *Pinus caribaea* var. *hondurensis* impregnadas com dois tipos de monômeros poliméricos (estireno e metacrilato de metila), justifica-se não só como forma de ampliar o conhecimento desses compósitos, mas também como possibilidade de gerar subsídios para expandir sua aplicação.

Capítulo 3

Objectivos

Este trabalho tem como objetivo principal ampliar o conhecimento sobre compósito madeira-polímero e sua microestrutura, com ênfase no compósito obtido a partir das espécies *Eucalyptus grandis* e *Pinus caribaea* var. *hondurensis* de reflorestamento, que são parcela significativa da madeira utilizada em diversos setores da indústria do nosso país.

Os objectivos específicos incluem:

- Verificar a possibilidade de utilização de espécies de madeira de reflorestação dos géneros *Eucalyptus* e *Pinus*, na obtenção de WPCs.

- Analisar as propriedades físicas e mecânicas dos WPCs obtidos pela impregnação das madeiras citadas com os monômeros poliméricos estireno e metacrilato de metila e comparar os valores obtidos com os da madeira não impregnada, seguindo para isso as exigências da ABNT (Associação Brasileira de Normas Técnicas), contidas no documento normativo NBR 7190:1997 - Madeira Projeto de estruturas no Anexo B.

Capítulo 4

Revisão bibliográfica

Este capítulo apresenta os aspectos relacionados ao tema central da tese. Assim, espera-se registar a base de dados bibliográfica adequada ao desenvolvimento das fases que compõem este trabalho.

4.1. Madeira

A madeira é muito importante para a engenharia, facto que se deve, em princípio, à sua relação resistência-peso. Entre outras caraterísticas do uso da madeira destacam-se: renovabilidade, facilidade de processamento, possibilidade de obtenção de peças de grandes dimensões, desdobramento em partes com dimensões compatíveis para diferentes aplicações, facilidade de uniões e emendas, condições naturais satisfatórias de isolamento térmico e absorção acústica, e custo competitivo em relação a outros materiais, como metais e cimento.

Para Van Vlack (1989) é de fundamental importância para o uso adequado da madeira, o conhecimento de suas propriedades e estrutura. Por se tratar de um organismo heterogéneo, composto por células dispostas e organizadas em diferentes direcções, conforme mostra a Figura 1, a aparência da madeira varia de acordo com o lado observado. Além da aparência, também o comportamento físico-mecânico da madeira é diferente em cada uma das direções principais, fenômeno conhecido como anisotropia, segundo Burger; Richter (1991).

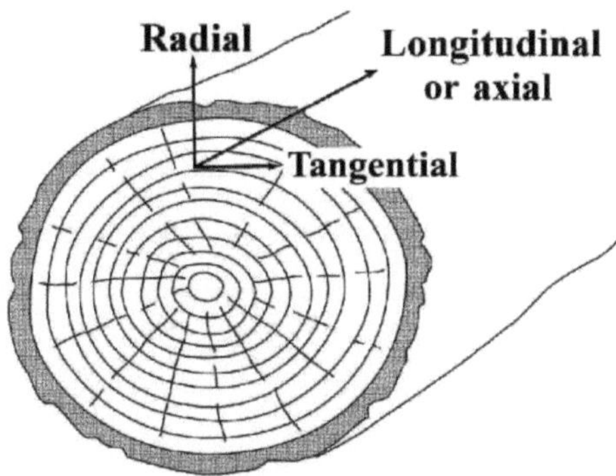

Figura 1 - Principais direcções da madeira. Fonte: Shackelford (1996).

4.1.1. As árvores

As árvores são plantas superiores, de elevada complexidade anatómica e fisiológica. Botanicamente, estão contidas na divisão das Fanerógamas. Estas, por sua vez, são subdivididas em gimnospermas e angiospermas, segundo Bodig; Jayne (1992).

Nas gimnospérmicas, a classe mais importante é a das coníferas, também designadas na literatura como madeiras moles. Nas árvores classificadas como Coníferas, as folhas em geral são perenes, têm formato de escamas ou agulhas. São árvores típicas de climas temperados e frios, embora existam algumas espécies tropicais, segundo registos de Hellmeister (1983). As coníferas constituem grandes áreas de florestas, fornecendo madeira para usos múltiplos, seja na construção civil, seja em diferentes segmentos da indústria.

Nas angiospermas, os vegetais mais organizados, destacam-se as Dicotiledôneas, comumente referidas na literatura como folhosas, segundo Kollmann; Côté Jr (1968). Produzem árvores com folhas de diferentes formas, renovadas periodicamente, e são quase todas espécies de florestas tropicais.

4.1.2. Estrutura e composição química da madeira

A madeira é composta por milhões de unidades individuais, ditas células. Estas diferem em forma e tamanho, dependendo de sua função fisiológica na árvore, segundo Kollmann; Côté Jr (1968). As células do xilema das coníferas possuem estruturas mais simples que as das dicotiledóneas.

Segundo bodig; Jayne (1992) as coníferas são constituídas principalmente por células: tubulares, alongadas, com extermiadades finas e fechadas nas extremidades, denominadas traqueídes. Entre os traqueídos, há a presença de pequenas células, rectangulares, de paredes finas, ditas parênquimas. A estrutura típica das coníferas é mostrada na Figura 2.

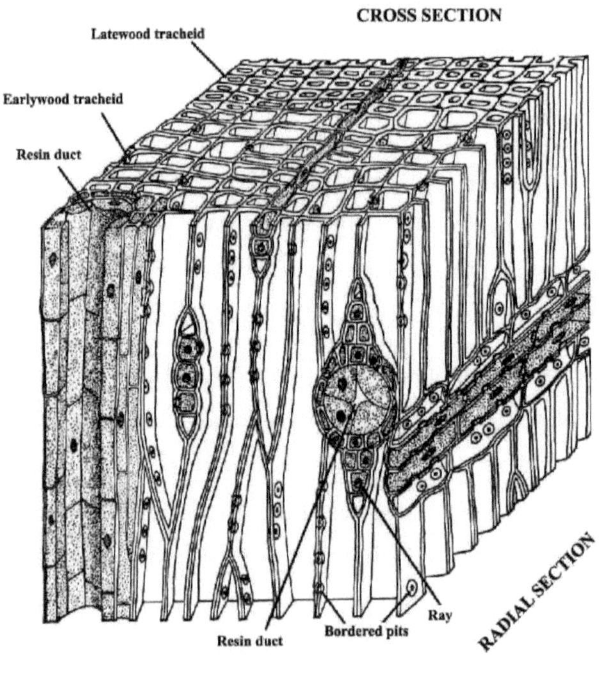

Figura 2 - Estrutura celular da madeira de uma conífera.

Fonte: http://fai.unne.edu.ar/biologia/plantas/maderas.htm#comparativo_del_l eno (2005).

Já as dicotiledôneas são constituídas por células que apresentam maior variação em forma e dimensões, como mostra a Figura 3. A maioria das células das dicotiledóneas são longas e estreitas, com extremidades pontiagudas e fechadas - as fibras. Outros componentes importantes são o parênquima e, em quantidade relativamente pequena, os vasos, designados como poros em cortes de secção transversal, segundo Esau (1974), entre outros. Os vasos apresentam extremidades abertas e são tipicamente menores em comprimento que as fibras, variando muito em forma.

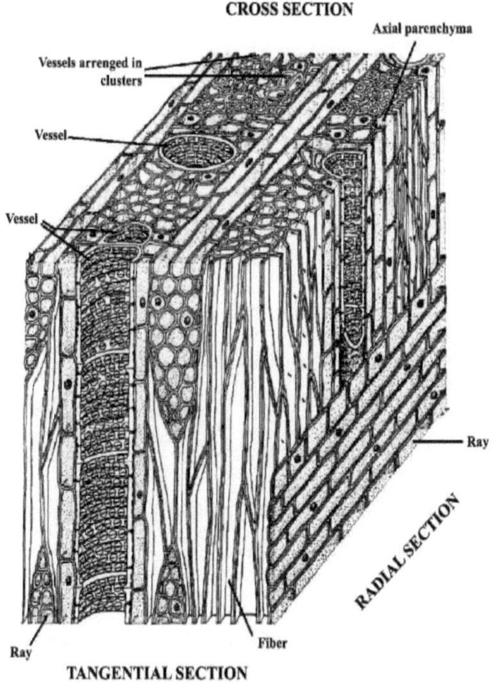

Figura 3 - Estrutura celular da madeira de uma dicotiledónea. Fonte:

http://fai.unne.edu.ar/biologia/plantas/maderas.htm#comparativo_del_leno (2005).

As células da madeira estão ligadas umas às outras através de um material cimentante, a lamela média. Segundo Burger; Richter (1991), duas camadas compõem a parede de uma célula: a parede primária, uma fina camada externa, e a parede secundária (uma camada interna mais espessa composta por três outras camadas), conforme esquematizado na Figura 4.

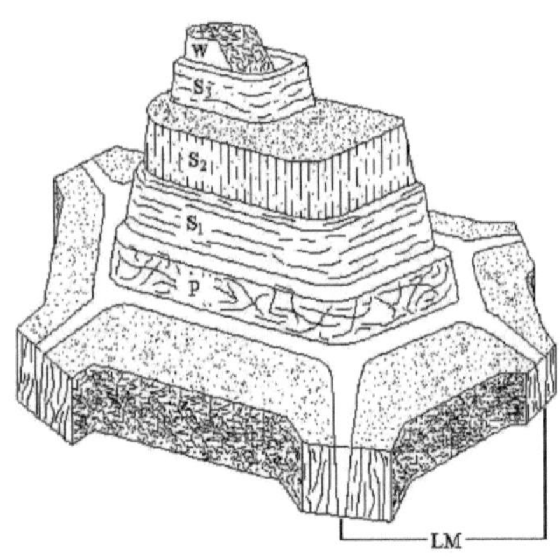

Figura 4 Modelo da estrutura celular traqueídica das fibras de coníferas e dicotiledóneas, em que: LM= lamela média, P= parede primária, S1= 1ª camada da parede secundária, S2=21ª camada da parede secundária, S3= 3ª camada da parede secundária, W= camada verrucosa. Fonte: Adaptado de Sjostrom (1981).

Segundo Lepage (1986), os principais constituintes da parede celular são a celulose, a hemicelulose ou polioses e a lignina. A celulose é um polissacarídeo linear de alto peso molecular, constituído por um único tipo de unidade de açúcar. É o principal componente das paredes celulares das plantas, segundo Fengel; Wegener (1989).

O termo polioses refere-se a uma mistura de polímeros polissacarídeos de baixo peso molecular, que estão intimamente associados à celulose na parede celular (principalmente na parede celular primária) e na lamela média (traço), segundo D'Almeida (1988).

Outro constituinte essencial da madeira é a lenhina. Localiza-se principalmente na lamela média e deposita-se durante o processo de lenhificação do tecido vegetal. Quando o processo de lenhificação se completa, geralmente coincide com a morte celular, formando o que se conhece como tecido de resistência. A lignina, assim como a celulose, é um polímero, mas que se diferencia por ser predominantemente um composto aromático e altamente irregular em sua constituição e estrutura molecular, segundo Brito; Barrichello (1985).

Além dos componentes estruturais de celulose, lignina e polioses, a madeira também possui inclusões de materiais orgânicos e inorgânicos, com baixos e altos pesos moleculares. Estes podem ser extraídos por meio de água, de solventes orgânicos ou por volatilização, segundo Browning (1963). São os extrativos, que incluem taninos, óleos, gomas, resinas, corantes, sais de ácidos orgânicos, compostos aromáticos, depositados principalmente no cerne, que dão uma cor mais forte.

4.1.3. Humidade da madeira

Uma árvore viva absorve água e sais minerais do solo que circulam por toda a planta até chegar às folhas constituindo a seiva bruta. O processo inverso, das folhas para as raízes, é feito pela seiva elaborada, que é constituída basicamente por água e produtos produzidos na fotossíntese.

Assim, a madeira de árvores vivas ou recentemente tombadas tem um elevado teor de humidade. Nestas condições, os vasos e canais da madeira, bem como o lúmen das suas células, apresentam-se saturados de água, segundo Jankowsky (1990). Da mesma forma, os espaços vazios localizados no interior das paredes celulares, podem também encontrar-se saturados.

Segundo Hellmeister (1983), entre outros, no interior da madeira podem ser encontrados:

- água de capilaridade (água livre): localizada no interior dos vasos, meatos, canais e lúmen das células;

- água de aderência ou higroscópica (água retida): localizada nas paredes celulares.

Quando toda a água livre ou capilaridade foi removida da madeira, restando apenas a adesão de água, diz-se que a madeira atingiu o ponto de saturação das fibras (PSF). Normalmente o PSF situa-se num intervalo entre 22 e 30% de humidade, variando de espécie para espécie. A partir do PSF ocorrem mudanças significativas na estrutura da madeira, tais como: contrações que podem causar defeitos como empenamentos e rachaduras, e alterações na sua resistência mecânica, segundo Galvão; Jankowsky (1985).

Após a FSP, a evaporação prossegue em velocidade mais lenta até atingir a umidade de equilíbrio (UE), que é função da espécie, temperatura e umidade relativa, segundo Calil Jr. et al. (2003).

Em contrapartida, quando uma peça de madeira é pré-seca a 0% de umidade e exposta ao ambiente, ela tende a absorver água que se dispersa no ar na forma de vapor. Nesse sentido, a água absorvida corresponderá à água higroscópica ou de aderência, segundo Galvão; Jankowsky (1985).

4.2. Polímeros

Os polímeros são uma classe de materiais, que na sua forma final de utilização, geram produtos como plásticos, fibras poliméricas, borrachas ou elastómeros, espumas, tintas e adesivos. São macromoléculas caracterizadas pelo seu tamanho, estrutura química e interações intra e intermoleculares. De acordo com Smith (1998), possuem unidades químicas ligadas covalentemente, que se repetem regularmente ao longo da cadeia, denominadas meros. O número de meros da cadeia polimérica é chamado de grau de polimerização, segundo Van Vlack (1984).

Os monómeros são pequenas moléculas e consistem em compostos químicos capazes de reagir e formar polímeros. A reação química em que os monómeros se ligam para formar um polímero é a polimerização, segundo Chawla (1998).

Quando um polímero possui apenas um tipo de monómero, utiliza-se a expressão homopolímero e, quando há mais de um tipo de monómero, é designado copolímero, segundo Elias (1993). O termo copolímero é geral; quando há três ou mais monómeros na reação, pode-se individualizar esse número usando a expressão terpolímero, tetrapolímero, etc.

Segundo Callister Jr (1994), os polímeros podem ter suas cadeias sem ramificações, admitindo conformação em ziguezague. Neste caso são chamados de lineares. Podem apresentar ramificações e, nessa situação, são chamados de polímeros ramificados, com maior ou menor complexidade. Podem também apresentar cadeias com ligações cruzadas, formando polímeros reticulados, como mostra a Figura 5. O tipo destas cadeias poliméricas, o seu peso molecular e os seus modos de interação definem as caraterísticas de cada polímero.

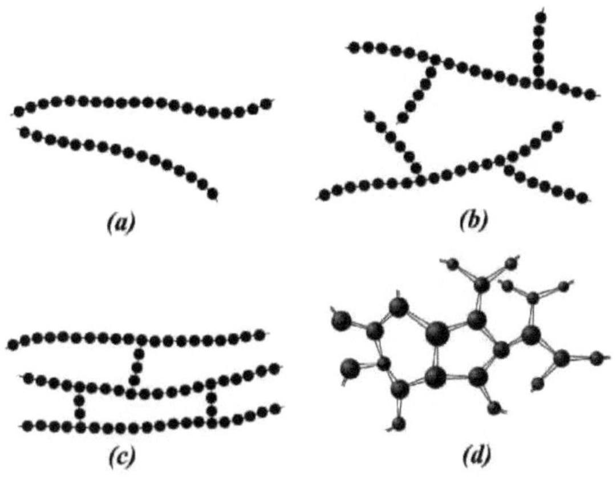

Figura 5 - Representação esquemática da estrutura molecular do polímero: a) linear, b) ramificada, c) reticulada e d) rede (tridimensional).

Fonte: Callister Jr (1994).

Para além dos polímeros clássicos produzidos e comercializados, há alguns anos estão a surgir novos polímeros provenientes da investigação científica e tecnológica desenvolvida em todo o mundo. Assim, devido à grande variedade de materiais poliméricos, faz-se necessário selecioná-los em grupos que possuam caraterísticas comuns, para facilitar o entendimento e o estudo das propriedades desses materiais. Para tanto, segundo Mano; Mendes (1999), os polímeros podem ser classificados de diferentes maneiras, de acordo com o critério escolhido, sendo que as principais classificações são baseadas nos aspectos descritos na Tabela 1.

De acordo com Askeland (1994), o método mais utilizado para descrever os polímeros está relacionado com o seu comportamento mecânico, e segundo este critério, são divididos em três categorias: Plásticos, fibras poliméricas e borrachas ou elastómeros.

Tabela 1 - Classificação dos polímeros. Fonte: Mano; Mendes (1999).

Critério	Classe de polímero
Origem do polímero	Natural

	Sintético
Número de monómeros	Homopolímero
	Copolímero
Método de preparação do polímero	Polímero de adição
	Polímero de condensação
	Modificação de outro polímero
Estrutura química da cadeia polimérica	Polihidrocarbonetos
	Poliamida
	Poliéster, e muitos outros
Encadeamento da cadeia polimérica	Sequência cabeça-cauda
	Sequência cabeça-cabeça e cauda-cauda
Configuração dos átomos da cadeia polimérica	Sequência *Cis*
	Sequência de *transacções*
T acticidade da cadeia polimérica	Isotáctico
	Sindiotáctico
	Atáctico
Fusibilidade e/ou solubilidade do polímero	Termoplástico
	Termoendurecível
Comportamento mecânico do polímero	Plástico
	Fibra
	Borracha ou elastómero

4.2.1. Plásticos

De acordo com Blass (1985), plásticos são materiais artificiais, formados por polímeros, geralmente de origem orgânica sintética que, em alguma etapa de sua fabricação, adquiriram condição plástica, durante a qual foram moldados, muitas vezes com o auxílio de calor e pressão.

Através das caraterísticas de fusibilidade e/ou solubilidade, que exigem a escolha de um processo técnico adequado, os polímeros, e especificamente os plásticos, podem ser agrupados em termoplásticos e termoendurecíveis.

4.2.1.1. Termoplásticos

Os polímeros termoplásticos são susceptíveis de serem repetidamente amolecidos por aumentos de temperatura e endurecidos por uma diminuição da mesma, segundo Elias (1993). Esta alteração pode causar alguma degradação nos termoplásticos durante um grande número de ciclos de aquecimento e arrefecimento.

Estruturalmente, os componentes fundamentais dos polímeros termoplásticos são cadeias lineares ou ramificadas, não reticuladas, ou seja, entre diferentes cadeias poliméricas existem apenas interações intermoleculares secundárias e reversíveis com a temperatura, segundo Mano; Mendes (1999).

De acordo com Mano (1991) são exemplos de termoplásticos: polietileno, polipropileno, poliestireno, poli (cloreto de vinilo), poli (acetato de vinilo), poli (acrilonitrilo), poli (cloreto de vinilideno) e poli (metacrilato de metilo).

4.2.1.2. Termoendurecível

Os plásticos termoendurecíveis ou termofixos são materiais que amolecem quando aquecidos inicialmente, podendo depois ser moldados. No entanto, se o aquecimento continuar, o material endurece (ou "cura") tornando-se relativamente duro. A cura é um processo de reação química iniciado no molde, no qual as moléculas reagem entre si para formar complexos irreversíveis. Após a cura, o material não pode ser moldado ou remodelado, segundo Blass (1985).

Estruturalmente, os termofixos têm como componentes fundamentais polímeros com cadeias moleculares de alta densidade de ligações cruzadas, que especificam seu comportamento, segundo Horath (1995).

Segundo Mano (1991), os termoendurecíveis contêm normalmente aditivos e podem ter aplicações como plásticos de engenharia. Como exemplo pode ser citado o poliéster insaturado reforçado com fibras de vidro. Alguns polímeros termoendurecíveis são a resina epoxídica, a resina fenol-formaldeído e a resina ureiaformaldeído.

4.2.2. Fibras poliméricas

Fibra é um termo geral para um corpo flexível, cilíndrico, de secção transversal reduzida e com uma elevada relação (superior a 100) entre o comprimento e o diâmetro (aspect ratio), podendo ser polimérica ou não, segundo Mano; Mendes (1999).

As principais fibras poliméricas industriais, naturais ou sintéticas, são: celulose, acetato de celulose, lã, seda, policaprolactama, poli (hexametileno adipamida) e poli (etileno teteftalato), segundo Mano; Mendes (1999).

4.2.3. Borrachas ou elastómeros

São materiais poliméricos de origem natural ou sintética. De entre todos os tipos de materiais poliméricos, as borrachas ou elastómeros, distinguem-se pela sua caraterística única de permitirem um elevado alongamento, seguido instantaneamente de uma retração quase completa, especialmente quando se encontram no estado vulcanizado, segundo Askeland (1994). Este fenómeno foi observado pela primeira vez na borracha natural, e ficou conhecido como elasticidade.

De acordo com Mano; Mendes (1999), inúmeras espécies vegetais ao redor do planeta, produzem borracha. Porém, a única espécie que gera borracha de alta qualidade e condições econômicas viáveis é a Seringueira (*Hevea brasiliensis*). Alguns exemplos de borracha são: a borracha natural, o polibutadieno, o poliisopreno, o policloropreno e o polissulfeto.

4.3. Compósitos de madeira-polímero (WPCs)

Os WPCs são derivados da polimerização de monómeros ou oligómeros líquidos no interior da madeira, segundo Avilov et al. (1999). A estrutura porosa da madeira é preenchida com um material sólido, plástico e bastante duro. De acordo com Schneider; Witt (2004), em geral, esses produtos apresentam propriedades mecânicas superiores, maior estabilidade dimensional, maior resistência química à degradação biológica e menor absorção de umidade do que a madeira não impregnada.

Os produtos de WPCs são fabricados e comercializados em diversos países, com aplicações diversas como materiais de construção civil, artigos desportivos, instrumentos musicais, cabos de talheres, entre outros, segundo Meyer (1982).

A obtenção dos WPCs envolve necessariamente duas etapas distintas: impregnação com monómero/oligómero e posterior polimerização do mesmo no interior da madeira. Como este trabalho se refere à impregnação feita com monómeros, não serão discutidos detalhes sobre os WPCs obtidos a partir de oligómeros.

4.3.1. Impregnação

A impregnação da madeira é conseguida por um processo de injeção de determinados produtos químicos (líquidos) no seu interior. De um modo geral, os processos de modificação das propriedades físicas e mecânicas da madeira têm sido efectuados recorrendo a tratamentos tradicionais de alcatrão, piches, creosotes, resinas, pintura de superfície e preenchimento de poros, segundo Gomes (1996).

No que diz respeito à impregnação com resinas naturais, vale a pena mencionar o trabalho de Nogueira et al. (2002) no qual são apresentados resultados que demonstram a melhoria das propriedades físicas da madeira de Figueira branca (*Ficus monckii),* impregnada com resina natural de Jatobá (*Hymenaea courbaril*).

A impregnação da madeira com monómeros líquidos, compostos que podem ser convertidos em polímeros ou resinas por combinação com outros compostos semelhantes, dá origem aos chamados compósitos madeira-polímero. A impregnação pode ser por imersão, vácuo-imersão e vácuo-pressão, segundo Kollmann; Côté, Jr. (1968), entre outros.

4.3.1.1. Imersão

Este método baseia-se na simples imersão da madeira no monómero, sendo muito utilizado em estudos envolvendo a deslocação ou troca de solventes, segundo Kenaga et al. (1962) e Timmons et al. (1971). Nesse caso, a madeira é inicialmente imersa em um solvente capaz de inchá-la. Posteriormente, o solvente é substituído pelo monómero, que pode então penetrar na parede celular.

4.3.1.2. Imersão em vácuo

Neste método, as amostras são submetidas a vácuo e depois imersas no monómero, que é ainda introduzido no sistema de vácuo. Logo após o vácuo é retirado e a impregnação é feita à pressão atmosférica, segundo Meyer (1981).

4.3.1.3. Vácuo e pressão

No método de vácuo-pressão, as amostras são submetidas a vácuo e depois imersas no monómero, que é introduzido no sistema de vácuo. De seguida, a impregnação é feita a uma pressão superatmosférica. Este tipo de processo é utilizado industrialmente no tratamento de postes e mourões de eucalipto, segundo Manrich (1984).

4.3.2. Polimerização

A polimerização do monómero impregnado na madeira pode ser feita por dois processos diferentes: por incidência de radiação ou por decomposição térmica dos iniciadores, segundo Schneider; Witt (2004), entre outros.

Comparando os dois métodos de iniciação da polimerização, observa-se que não há diferenças significativas nas propriedades físicas e mecânicas dos WPCs obtidos, segundo Meyer (1965). No entanto, o processo de polimerização feito por iniciadores, que são compostos que, com o aumento da temperatura, se decompõem facilmente em radicais livres, é mais simples e económico. Neste, a probabilidade de degradação da madeira é menor e, principalmente, os riscos de Segurança do Operador são baixos. Por outro lado, na polimerização térmica por radicais livres gerados por iniciadores químicos, as temperaturas podem ser reguladas através da escolha de iniciadores adequados, com temperaturas de decomposição tais que seja realmente reduzida a evaporação dos monómeros. No entanto, poucas pesquisas mundiais têm sido feitas em relação à escolha de iniciadores e monómeros adequados, segundo Yalinkilic et al. (1999).

O número de compostos que podem ser utilizados como iniciadores é relativamente pequeno, estando limitado àqueles com baixa energia de dissociação, segundo Vollmert (1973). Em geral, são utilizados vários tipos de peróxidos e azocompostos, segundo Manrich (1984).

4.3.3. Madeiras e monómeros utilizados para obter WPCs

Em geral, as espécies de madeira mais utilizadas para a obtenção de WPCs são as de baixa densidade, por apresentarem maior quantidade de poros, e com bastante permeabilidade. Assim, torna-se fácil a impregnação, segundo Manrich (1984).

Nas espécies mais densas e com menor tamanho de poro, é difícil a impregnação de monómeros. Além disso, na sua condição natural, já se apresentam com elevadas propriedades físico-mecânicas, e o aumento obtido nestas resistências não justifica todo um processo de obtenção de WPCs.

No que diz respeito aos monómeros, os mais utilizados são os do tipo vinílico, por exemplo, o estireno, o metacrilato de metilo e o acrilonitrilo, segundo Schneider; Witt (2004).

4.3.4.   Contribuições da literatura

De seguida, apresentam-se alguns estudos sobre compósitos madeira-polímero, com o objetivo de contribuir para uma melhor compreensão do tema.

Estudos realizados por Meyer (1965), Lepage (1982) e Manrich (1984), utilizaram neste campo o processo de impregnação da madeira com monómeros líquidos para a obtenção de WPC. Algumas propriedades que foram significativamente aumentadas: resistência à compressão, tenacidade e dureza. Para além destas, verificou-se uma melhoria na durabilidade do material e na estabilidade dimensional.

Erickson; Balatinecz (1964) estudaram os percursos de fluxo do líquido do monómero de estireno no interior de espécimes de abeto de Douglas (*Pseudotsuga menziesii*) e a polimerização dos mesmos. Lâminas retiradas destes compostos foram analisadas por microscopia para determinar as caraterísticas deste movimento. Concluiu-se que a contribuição das células não é igual à do fluxo de líquido.

Meyer (1965) descreveu os elementos essenciais que compõem o equipamento de impregnação da madeira por meio de monómeros vinílicos, utilizando o método de vácuo-pressão. A partir daí, muitos trabalhos, através de uma revisão da literatura, delinearam as suas experiências com este equipamento de impregnação.

Langwig et al. (1968) testaram espécimes de Basswood (*Tilia americana*) não tratados e impregnados com metacrilato de metilo. Observaram um aumento pronunciado nas propriedades de flexão, mostradas na Figura 6a, e de compressão paralela às fibras, na

Figura 6b, da madeira tratada.

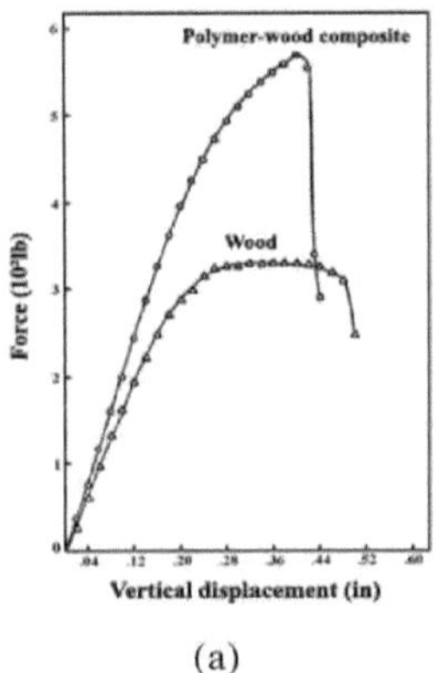
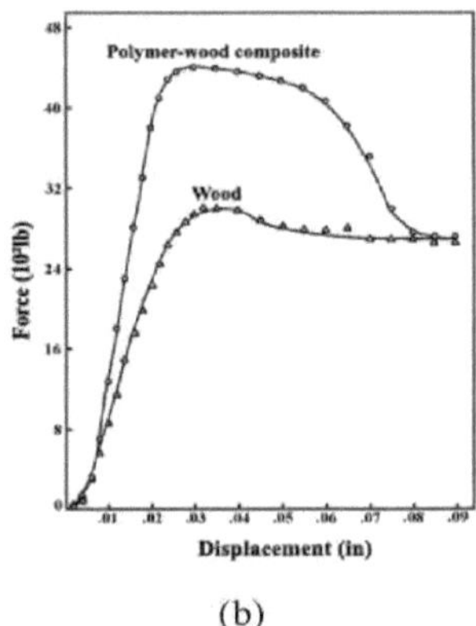

Figura 6. Comparação da deformação de corpos de prova de *Tilia Americana*, tratados e não tratados, em ensaios de: a) flexão estática; b) compressão paralela às fibras. Fonte: Adaptado de Langwig et al. (1968).

Lepage (1982) impregnou provetes de madeira de Pinus *elliottii* (*Pinus elliottii*) com metacrilato de metilo e variou a quantidade de iniciador (peróxido de benzoílo) entre 0,05 e 0,20% em relação à massa do monómero, com o objetivo de determinar a influência destas condições experimentais em algumas propriedades da madeira. Também se observou a quantidade de polímero na madeira em três quantidades de impregnação: A 25-54%; B 55-84% e C 85-114%, todas em relação à massa seca da madeira. Após a polimerização, que ocorreu a 70°C, os provetes foram ensaiados de forma a avaliar o módulo de rutura em flexão e a dureza. A principal conclusão foi que a dureza do compósito estudado estava positivamente correlacionada com a retenção relativa do polímero.

Manrich (1984) estudou em seu trabalho o comportamento físico-mecânico das madeiras de Caixeta (*Tabebuia obtusifolia*) e Pinus elliottii (*Pinus elliottii*), impregnadas com estireno. O autor verificou que ambos os compósitos apresentaram redução da absorção de água quando comparados à madeira não tratada. O destaque foi o compósito Pinus-poliestireno que aumentou mais de 130% na resistência à compressão paralela e no módulo de elasticidade longitudinal, obtidos em ensaios de compressão paralela às fibras, em relação ao Pinus não tratado.

Gomes (1996) realizou um estudo teórico e experimental de ligações com cavilhas de madeira, de secção cilíndrica, de Pinus, impregnadas com estireno. Foram determinadas experimentalmente as caraterísticas de resistência e elasticidade do material e, posteriormente, realizados ensaios padronizados de ligações com solicitações paralelas e normais às fibras. Os resultados dos ensaios mostraram um aumento na resistência à compressão normal de até 292% e um aumento de 80% no limite proporcional da ligação. Ressalta-se que as normas de ensaio utilizadas por Gomes (1996) foram profundamente modificadas pela Associação Brasileira de Normas Técnicas em 1997. Isso impossibilita qualquer comparação dos seus resultados com os obtidos no presente estudo.

Schneider; Omidvar (1997) estudaram a penetrabilidade no bordo vermelho (*Acer rubrum*) com monómero de estireno em quatro situações de penetração (radial, tangencial e longitudinal, e em cada uma simultaneamente) para quatro níveis de humidade (0, 10, 18 e 30%). O monómero foi polimerizado e a sua localização foi determinada por microscopia. Os autores verificaram que a distribuição mais uniforme do polímero na madeira se deu com a penetração na direção tangencial. Observaram também que o aumento da humidade de 0 para 30% não alterou a quantidade de fluido no interior da madeira, mas tornou a sua distribuição menos uniforme, tanto nos vasos como nas fibras.

Yalinkilic et al. (1998) impregnaram espécimes de cedro japonês (*Cryptomeria japonica*), com monómeros de estireno, metacrilato de metilo e uma mistura de ambos (50% de estireno + 50% de metacrilato de metilo) utilizando peróxido de benzoílo como iniciador. Os autores verificaram que os compósitos apresentaram um ganho de peso significativo, baixa absorção de água e baixa perda de massa após 12 semanas de exposição aos fungos *Tyromyces palustris* e *Coriolus versicolor*, em comparação com a madeira não tratada, como se pode ver no Quadro 2.

Tabela 2 - Comparação entre os espécimes de cedro japonês não tratados e impregnados. Fonte: Yalinkilic et al. (1998).

Espécimes	Aumento de peso (%)	Absorção de água (%)	Perda de massa (%)	
			Tyromyces palustris	*Coriolus versicolor*
Não tratado	-	338,9	44,6	50,5
i-E[a]	225,3	23,3	11,1	2,8
i-M[b]	212,8	26,9	12,6	7,2
i-(E+M)[c]	210,5	28,4	6,5	2,9

a Impregnado com estireno. Impregnado com metacrilato de metilo,[c] Impregnado com estireno + metacrilato de metilo.

Solplan; Güven (1999) utilizaram os monómeros metacrilato de metilo (MMA), acrilonitrilo (AN) e álcool alílico (AA) e ainda as misturas (AA) + (AN) e (AA) + (MMA) para melhorar a resistência e durabilidade de amostras de Faia (*Nothofagus sp*) e Abeto (*Picea sp*). Após a impregnação, a polimerização e a copolimerização foram completadas por radiação gama. A microestrutura do compósito polímero (copolímero) - madeira foi investigada por Microscopia Eletrónica de Varrimento (SEM). Verificou-se que todas as misturas dos monómeros utilizados proporcionaram aumento das propriedades de resistência à compressão paralela e normal às fibras da madeira e proteção das amostras contra a degradação biológica. Observou-se também que as amostras impregnadas com o copolímero (AA) + (MMA) apresentaram o maior valor de resistência mecânica, menor absorção de água e menor degradação por fungos e bactérias.

Yalinkilic et al. (1999) estudaram exemplares de cedro japonês (*Cryptomeria japonica*), inicialmente tratados com ácido bórico (que tem como uma das suas caraterísticas o aumento da resistência ao fogo), e depois secos à temperatura ambiente. Logo após este processo, os corpos de prova foram impregnados com monómeros vinílicos (estireno e metacrilato de metilo). A temperatura de polimerização situou-se entre os 60 e os 90°C. Os WPCs apresentaram estabilidade dimensional satisfatória e baixa absorção de água.

Hill et al. (2001) modificaram quimicamente espécimes de pinheiro silvestre (*Pinus sylvestris*) e pinheiro da Córsega (*Pinus nigra*) com anidrido metacrílico, que foram posteriormente impregnados com estireno utilizando azoisobutironitrilo como iniciador. Os espécimes impregnados com estireno modificado e não modificado quimicamente, após exposição à radiação ultravioleta (UV), foram analisados quanto às alterações químicas utilizando espetroscopia de fotoelectrões de raios X e infravermelhos. Não houve melhora na estabilidade química da madeira. Houve evidências de que o estireno permaneceu no corpo de prova após a exposição, mas isso não dependeu de ele estar ligado covalentemente ao substrato da madeira. Os autores concluíram que as altas temperaturas empregues nas modificações danificaram as amostras e que este dano foi aumentado pela exposição aos raios ultravioleta.

Devi et al. (2003) realizaram a impregnação da madeira de *Hevea brasiliensis* utilizando o monómero estireno em combinação com o elemento de ligação metacrilato de glicidilo (GMA). Após a impregnação foram determinadas a dureza, a estabilidade dimensional, o módulo de rutura e a elasticidade, sendo que os autores encontraram valores superiores em todas as propriedades estudadas.

Omidvar; Ruddick (2004) estudaram a resistência dos compósitos por impregnação da madeira de *Populus tremuloides* com o monómero de estireno, utilizando como iniciador o peróxido de benzoílo, contra a degradação por fungos. Os provetes tiveram um aumento de massa de cerca de 55% após a impregnação e não impediram a degradação causada pelo fungo *Gloeophyllum trabeum*, mas foram eficazes na prevenção da degradação causada pelo fungo *Trametes versicolor*.

4.4. Observações finais sobre a revisão da literatura

A revisão da literatura até o momento revelou a inexistência de trabalhos científicos abrangentes, abordando a análise das propriedades e da microestrutura de madeiras de reflorestamento brasileiras dos gêneros *Eucalyptus* e *Pinus*, impregnadas com estireno e metacrilato de metila. Assim, confirma-se a conveniência e originalidade da realização do trabalho proposto.

Capítulo 5

Materiais e métodos

Neste capítulo apresentam-se os materiais utilizados na parte experimental do trabalho, os métodos adoptados para os ensaios e os procedimentos assumidos para a obtenção dos provetes. São ainda referidos os equipamentos utilizados na experiência e a síntese dos procedimentos estatísticos utilizados na análise dos resultados.

5.1. Espécies de madeira

Os ensaios foram realizados em corpos-de-prova (CPs), obtidos de madeiras de reflorestamento de *Eucalyptus grandis* e *Pinus caribaea* var. *hondurensis*, respetivamente, com 20 e 15 anos de idade, provenientes do Horto Florestal de Itirapina/SP, impregnados ou não com monômero de estireno e metacrilato de metila.

5.1.1. *Eucalipto grandis*

Eucalyptus grandis apresenta: parênquima axial indistinto mesmo sob lente, paratraqueal vasicêntrico escasso; raios visíveis sob lente apenas no topo, finos; vasos visíveis a olho nu, pequenos a médios, poucos, porosidade difusa, disposição diagonal, solitários, bloqueados por tiloses; camadas de crescimento distintas, individualizadas por áreas fibrosas tangenciais mais escuras, segundo Ferreira (2003).

O alburno do cerne distingue-se pela cor, cerne castanho-rosado claro, alburno bege-rosado, pouco brilho, cheiro e sabor imperceptíveis.

Ocorre em áreas de reflorestamento das regiões Sul e Sudeste do Brasil. A Figura 7 mostra uma foto de uma plantação de *Eucalyptus grandis*.

Figura 7 - Uma plantação de *Eucalyptus grandis*. Fonte: Ciesla (2005).

5.1.2. *Pinus caribaea* var. *Hondurensis*

O Pinus caribaea var. *hondurensis* apresenta: traqueídeos individualmente indistintos a olho nu, mas visíveis com auxílio de lente, muito pequenos e orientação radial bem definida; raios visíveis sob lente na parte superior, pouco perceptíveis nas faces tangencial e radial; anéis de crescimento claramente marcados por lenho inicial e tardio, com espessuras variáveis; textura média; cerne de coloração bege escuro, resina e cheiro agradável, segundo Morales (2002). Ocorre em áreas de reflorestamento das regiões Sul e Sudeste do Brasil. A Figura 8 mostra uma foto de um plantio de *Pinus caribaea* var. *hondurensis*.

Figura 8 - Plantação de *Pinus caribaea* var. *hondurensis*. Fonte: Ciesla (2005).

5.2. Ensaios para a determinação da madeira impregnada e não impregnada

As propriedades foram obtidas de acordo com as especificações do Anexo B da Associação Brasileira de Normas Técnicas - NBR 7190: 1997. A tenacidade foi calculada considerando as prescrições do documento normativo D143-52:1981, da American Society for Testing and Materials (ASTM). A taxa de desgaste foi obtida de acordo com o documento normativo LD 32000:2001, da National Electrical Manufacturers Association (NEMA).

O ensaio de intemperismo artificial foi efectuado de acordo com o documento normativo G 26:1995, ASTM.

Os ensaios foram divididos em duas fases: A e B. Na Fase A, os ensaios foram realizados em provetes de madeira de *Eucalyptus grandis* e *Pinus caribaea* var. *hondurensis*, impregnados e não impregnados com os monómeros de estireno e metacrilato de metilo, para determinar as seguintes propriedades: - Densidade (ρ);

- Retratibilidade radial total ($\varepsilon_{r,2}$);

- Retratibilidade tangencial total ($\varepsilon_{r,3}$);

- Inchaço radial total ($\varepsilon_{i,2}$);

- Inchaço tangencial total ($\varepsilon_{i,3}$);

- Resistência à compressão paralela às fibras (f_{c0});

- Módulo de elasticidade longitudinal em compressão paralela às fibras (E_{c0});

- Resistência à tração paralela às fibras (f_{t0});

- Módulo longitudinal em tração paralela às fibras (E_{t0});

- Resistência à tração normal das fibras (f_{t90});

- Resistência ao cisalhamento paralelo às fibras (f_{v0});

- Dureza paralela às fibras (f_{H0});

- Dureza normal das fibras (f_{H90});

- Tenacidade (E);

- Resistência ao impacto em flexão (f_{bw}).

Na Fase B, realizada após a análise dos resultados da Fase A, foram realizados ensaios em provetes de madeira de *Pinus caribaea* var. *hondurensis*, não impregnados e impregnados com o monómero metacrilato de metilo, para a determinação das seguintes propriedades:

- Resistência à compressão paralela às fibras (f_{c0});

- Módulo de elasticidade longitudinal em compressão paralela às fibras (E_{c0});

- Módulo de resistência à flexão estática (f_M);

- Módulo de elasticidade longitudinal em flexão (E_{M0});

- Dureza paralela às fibras (f_{H0});

- Dureza normal das fibras (f_{H90});

- Desempenho face à meteorização artificial.

A escolha destes parâmetros justifica-se pelo facto de serem propriedades relevantes para a indicação das espécies para as aplicações mais adequadas.

5.3. Confeção e identificação dos espécimes

Para os ensaios da Fase A, os corpos-de-prova (CPs) foram obtidos a partir de doze peças com dimensões nominais (180 x 12 x 5) cm, para cada espécie de madeira (*Eucalyptus grandis* e *Pinus caribaea* var. *hondurensis*). De cada peça, foram retirados três conjuntos de provetes para cada propriedade investigada, conforme esquematizado na Figura 9. Os CPs foram ensaiados de acordo com o esquema apresentado na Figura 10. No total foram 624 corpos de prova, cada um identificado com uma letra maiúscula (referente à viga), com uma letra minúscula (referente ao tipo de ensaio) e com um número (referente ao tipo de impregnação).

Para os ensaios da Fase B, foram obtidos CPs de seis peças com dimensões nominais (126 x 5 x 6,8) cm, para a espécie de *Pinus caribaea* var. *hondurensis*, conforme esquematizado na Figura 11. Cada peça fornece dois provetes para os ensaios de flexão estática, que foram extraídos nas dimensões (42 x 1,8 x 1,8) cm, de acordo com o esquema da Figura 12. O ensaio foi realizado com aplicação de força no ponto médio do corpo do corpo de prova, seguindo a relação vão/altura igual a 21, indicada pela NBR 7190:1997. As dimensões da seção transversal foram adotadas considerando o registro no item B.8.3 do Anexo B desta norma, extrapolando sua possibilidade para o caso de flexão estática.

Além disso, dessas peças foram retirados conjuntos de três corpos-de-prova para os ensaios de compressão paralela às fibras, e também de dureza paralela e normal às fibras, de acordo com o esquema mostrado na Figura 13. No total foram obtidos 60 corpos de prova, cada um identificado com uma letra maiúscula (referente à viga), com uma letra minúscula (referente ao tipo de ensaio) e com um número (referente ao tipo de impregnação).

Em ambas as fases, as pressões de impregnação são indicadas nas figuras correspondentes aos ensaios.

Para o cálculo do valor da taxa de desgaste (abrasão), foram obtidos CPs de três amostras de madeira sem impregnação e três da madeira impregnada com metacrilato de metila (à pressão de 0,66 MPa) de dimensões nominais (1 x 5 x 5) cm. As amostras foram coladas umas às outras, de modo a atingir o padrão exigido para as dimensões (10 x 10 x 1) cm, como mostra a Figura 14, resultando num total de 6 cps. O ensaio foi realizado em corpos de prova sem revestimento de tinta.

Figura 9 - Esquema para a retirada de corpos de prova de madeira da viga na Fase A, para determinar: a) Resistência e módulo de elasticidade longitudinal em tração paralela às fibras; b) Dureza paralela e normal às fibras; c) Resistência e módulo longitudinal em compressão paralela às fibras; d) Resistência à tração normal às fibras; e) Resistência ao corte paralelo às fibras; f) Tenacidade e Resistência ao impacto em flexão; g) Densidade h) Retratibilidade radial total, retratibilidade tangencial total, inchamento radial total e inchamento tangencial total.

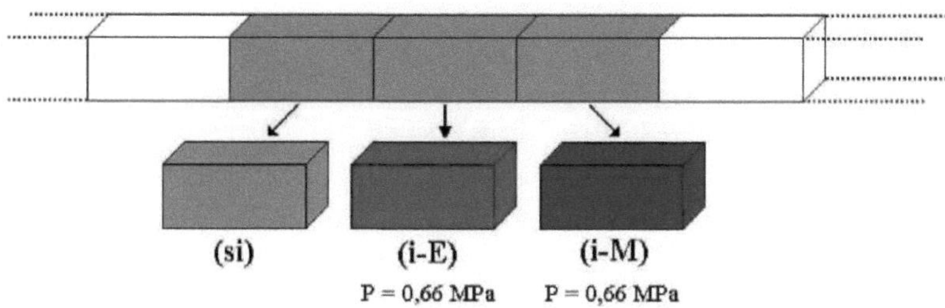

Figura 10 - Representação dos PCs utilizados nos testes da Fase A.

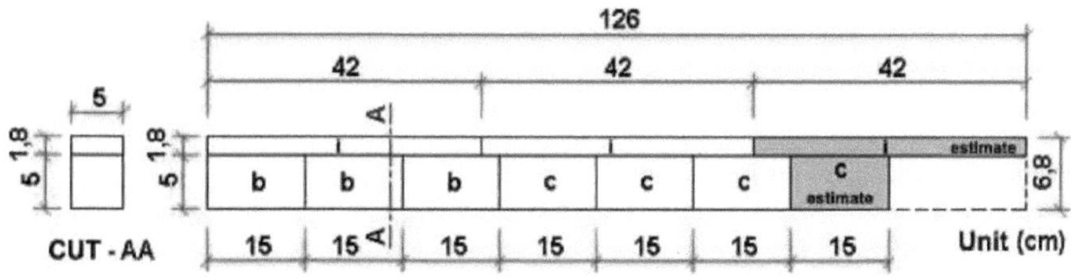

Figura 11 - Esquema para a retirada dos corpos de prova de madeira da viga na Fase B, para a determinação de: b) dureza paralela e normal às fibras; c) resistência e módulo de elasticidade longitudinal em compressão paralela às fibras; i) módulo de elasticidade longitudinal e módulo de elasticidade em flexão estática

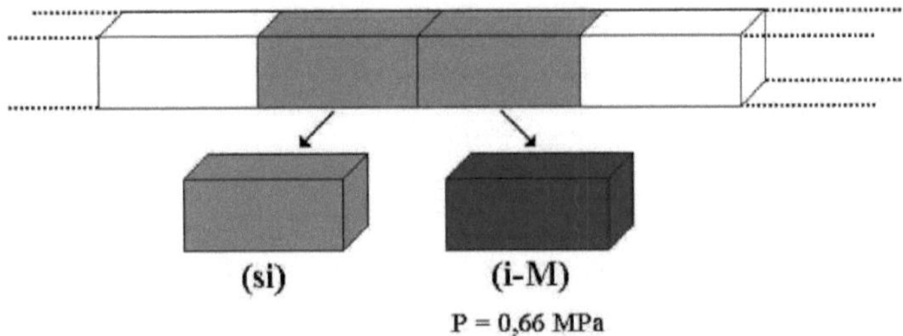

Figura 12 - Representação dos CPs utilizados nos ensaios de flexão estática, Fase B.

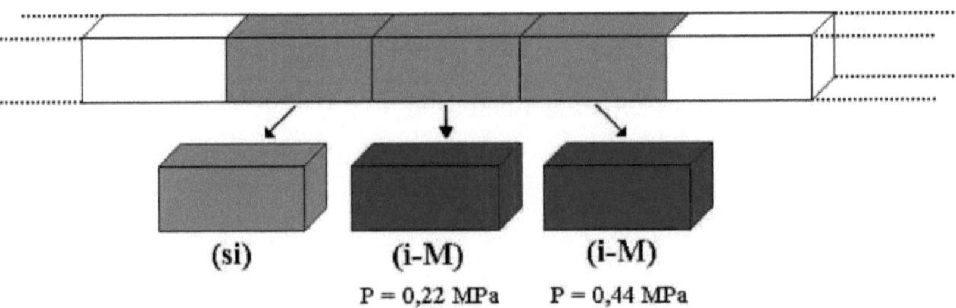

Figura 13 - Representação dos CPs utilizados nos ensaios de compressão paralela às fibras e dureza paralela e normal às fibras, Fase B.

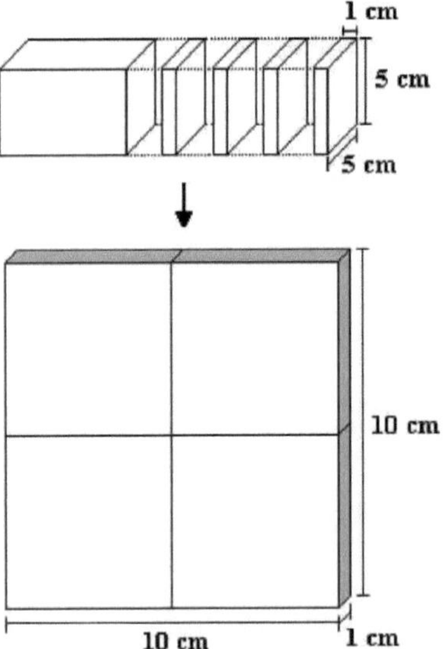

Figura 14 - Representação dos CPs utilizados nos ensaios de desgaste mecânico, Fase

34

B.

O ensaio de intemperismo artificial foi realizado com o apoio do Professor Dr. José Augusto Marcondes Agnelli, utilizando o equipamento Accelerated Aging

Máquina UFSCar (Universidade Federal de São Carlos). Nesta máquina é empregada lâmpada de xenônio com fonte de emissão de energia responsável pelo envelhecimento acelerado dos corpos de prova estudados. Este método é comprovadamente eficaz na reprodução das condições de envelhecimento natural. Seis CPs sem impregnação, seis impregnados com metacrilato de metila, foram colocados na referida máquina, para ensaios de compressão paralela às fibras, e também seis corpos de prova para ensaios de dureza normal às fibras. Os CPs permaneceram na máquina durante 2400H (100 dias), equivalente ao envelhecimento natural proporcionado por dois anos de exposição à natureza.

5.4. Produtos químicos

De seguida são descritos os produtos químicos utilizados na parte experimental deste trabalho. Os registos com o modo de utilização indicado e os respectivos preços encontram-se, respetivamente, no Anexo I e no Anexo II.

5.4.1. Estireno

O monómero de estireno é um produto químico da família dos hidrocarbonetos aromáticos, incolor, líquido, utilizado no fabrico de poliestireno, borracha sintética do tipo SBR (estireno-butadieno), emulsão de estireno, poliéster, óleos estirenados (estirenizados), resinas sulfonadas, copolímeros de estireno, resinas estireno-maléicas e derivados químicos.

Estes derivados, por sua vez, são utilizados em diversos produtos finais, tais como: caixas de rádio e televisão, peças de frigoríficos, telefones, acessórios para automóveis, brinquedos, canetas, materiais descartáveis, borracha, tintas à base de água, vernizes, adesivos, impermeabilizantes, isolantes térmicos, solas e saltos de sapatos, entre outros.

O monómero de estireno utilizado neste estudo foi cedido pela EMPRESA

BRASILEIRA DE ESTIRENO, Cubatão / SP. Algumas de suas caraterísticas, fornecidas pela Empresa, são mostradas na Tabela 3.

Quadro 3 - Algumas caraterísticas do monómero de estireno.

Propriedades físicas e químicas

Nome do produto	estireno
Fórmula química	$C8\frac{1}{8}$
Estado físico	líquido transparente
Cor	incolor
Odor	caraterística dos hidrocarbonetos aromáticos
Ponto de ebulição	145,2 °C a 760 mmHg
Ponto de congelação	-30,628 °C
Ponto de inflamação (aberto)	37 °C
Calor de vaporização a 25°C	102,65 cal/g
Calor de polimerização	160,2 cal/mol
Índice de refração a 25°C	1,5439
Densidade a 20°C	0,906 g/cm³
Pressão de vapor	6,1 mmHg a 25 °C
Solubilidade em água	insolúvel

5.4.2. Metacrilato de metilo

O monómero metacrilato de metilo (MMA) é um produto químico orgânico, tal como definido na constituição. O MMA é obtido por esterificação, por sistemas contínuos, a partir de duas matérias-primas básicas: acetona cianohidrina e metanol.

O produto é utilizado na produção de chapas acrílicas, resinas para injeção e extrusão e polímeros/copolímeros para utilização em tintas, vernizes e resinas para papel. Pode também ser utilizado como intermediário em várias sínteses orgânicas, bem como na produção de resinas dentárias.

Parte do monômero de metacrilato de metila utilizado foi cedido pela EMPRESA QUÍMICA METACRIL, São Bernardo do Campo/SP e o restante do material foi adquirido na SCHENECTADY CRIOS S/A, em Rio Claro/SP. Algumas de suas caraterísticas, fornecidas pelas empresas, estão na Tabela 4.

Tabela 4 - Algumas caraterísticas do monómero metacrilato de metilo.

Propriedades físicas e químicas

Nome do produto	metacrilato de metilo
Fórmula química	C_5 ⅛O_2
Estado físico	líquido transparente
Cor	incolor
Odor	irritante
Inibidor	éter monometílico de hidroquinona (MEHQ)
Ponto de ebulição	101 °C
Ponto de congelação	-48 °C
Índice de refração a 25°C	1,412
Densidade a 20/ 4°C	0,94 g/cm3
Pressão de vapor	46,7 mmHg a 20 °C
Calor específico	0,45 cal/g°C
Viscosidade	0,5 cP (absoluto)
PH	7,0 numa solução aquosa a 5%
Solubilidade em água	1,6 g/L a 20 °C
Solubilidade em álcool	Completo

5.4.3. Peróxido de benzoílo

Os peróxidos são compostos orgânicos iniciadores de reacções químicas utilizados como fontes de radicais livres. Promovem a polimerização entre vários tipos de produtos usados para obtenção de resinas para o fabrico de tintas, plásticos e compósitos. São também utilizados como branqueadores de fibras e farinhas. Na área farmacêutica são utilizados em cremes para a pele e champôs.

O peróxido de benzoílo é utilizado como iniciador na polimerização de monómeros, tais como: estireno, acetato de vinilo, metacrilatos e compostos de alilo.

O peróxido de benzoíla utilizado foi fornecido pela empresa DML PRODUTOS QUÍMICOS LTDA, São Paulo/SP. Algumas caraterísticas do produto, fornecidas pela empresa, são apresentadas na Tabela 5.

Tabela 5 - Algumas caraterísticas do peróxido de benzoílo.

Especificações técnicas

Nome do produto	peróxido de benzoílo
Fórmula química	C14 H10 O4
Aspeto	pó branco, húmido
Teor de peróxido	aprox. 75% p
Oxigénio ativo	aprox. 4,95% p
Agente dessensibilizante	água
Densidade aparente	aprox. 0,59 kg/L
Ponto de congelação (seco)	aprox. 102-105 °C
Tempo de meia-vida: 10 h / 1 h / 1 min (0,1 m/benzeno)	72 °C / 91 °C / 103 °C
Temperatura crítica (SADT)	70 °C
Temperatura de armazenamento recomendada	5 a 30 °C

5.5. Etapas do processo de obtenção dos WPCs

Para realizar a impregnação da madeira tanto com o monómero de estireno como com o monómero de metacrilato de metilo, é necessário que se sigam algumas fases, que se descrevem a seguir.

5.5.1. Secagem da madeira

Antes da impregnação com o monómero, é necessária a remoção de parte da água da madeira, devido ao seu teor de humidade. Os provetes foram então colocados numa estufa a uma temperatura entre 40 e 50°C até atingirem uma humidade de cerca de 12%. A temperatura da estufa foi aumentada gradualmente para reduzir a probabilidade de ocorrência de fendilhação ou empeno.

Para a obtenção dos provetes com humidade a rondar os 12%, calculou-se a humidade de uma amostra da peça onde os mesmos foram retirados e assumiu-se que os provetes tiveram a mesma percentagem de humidade da peça. Assim, foi possível estimar a massa da peça em questão e, consequentemente, de cada provete quando esta atingiu a sua humidade de 12%.

5.5.2. Monómeros e iniciadores

Foram utilizados o monómero de estireno e o metacrilato de metilo, na forma líquida, e o peróxido de benzoílo, na forma de pó.

5.5.3. Dosagem necessária

No preparo das resinas foi utilizada a seguinte proporção de elementos químicos: volume de monômero igual à soma dos volumes aparentes de todos os corpos-de-prova e, 1,24% do volume de peróxido de benzoíla, baseado em estudos de Manrich (1984) e Gomes (1996).

5.5.4. Impregnação e polimerização

O método utilizado para a impregnação da solução monómero-iniciador foi o vácuo-pressão, num autoclave com capacidade de 159 L. Os provetes foram colocados no interior do autoclave e, de seguida, fechou-se o mesmo, aplicando-se o vácuo durante 30 min. Após este período, foi injectada no autoclave a solução de monómero-iniciador, sendo depois aplicada uma pressão que pode atingir, consoante o caso, 0,22 MPa, 0,44 MPa ou 0,66 MPa durante 30 min, para completar o processo de impregnação. Vale ressaltar que a pressão de 0,66 MPa foi utilizada com base nos trabalhos realizados por Manrich (1984), Gomes (1996), entre outros, as demais pressões, para efeito de comparação. A Figura 15 ilustra o processo de impregnação.

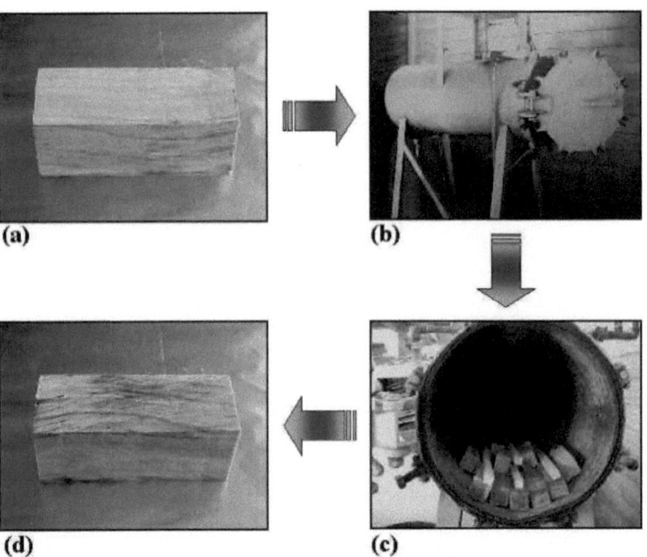

Figura 15 - Esquema do processo de impregnação: a) provetes não impregnados; b) autoclave; c) provetes no interior do autoclave; d) provetes impregnados.

Em seguida, os corpos-de-prova foram retirados da autoclave. Também foi retirado dos mesmos o excesso de resina de impregnação, com o auxílio de um papel toalha, conforme procedimento empregado por Gomes (1996), Devi et al. (2003), entre outros. Posteriormente, os corpos-de-prova foram pesados, embrulhados em papel-alumínio, conforme Meyer (1981), e levados à estufa por um período de 48 h a uma temperatura de 60 °C. Em seguida, os corpos-de-prova foram desembrulhados, pesados e colocados novamente na estufa por um período de 72 h a uma temperatura de 50 °C, para a consolidação do processo de polimerização no interior da madeira. O tempo de permanência e a temperatura da estufa foram definidos com base nos trabalhos citados no item 4.3.4. Após esse período, os corpos-de-prova foram retirados da estufa e, logo em seguida, pesados e suas dimensões medidas, permitindo a realização dos ensaios para a obtenção das propriedades desejadas. Uma ilustração do processo de polimerização está na Figura 16.

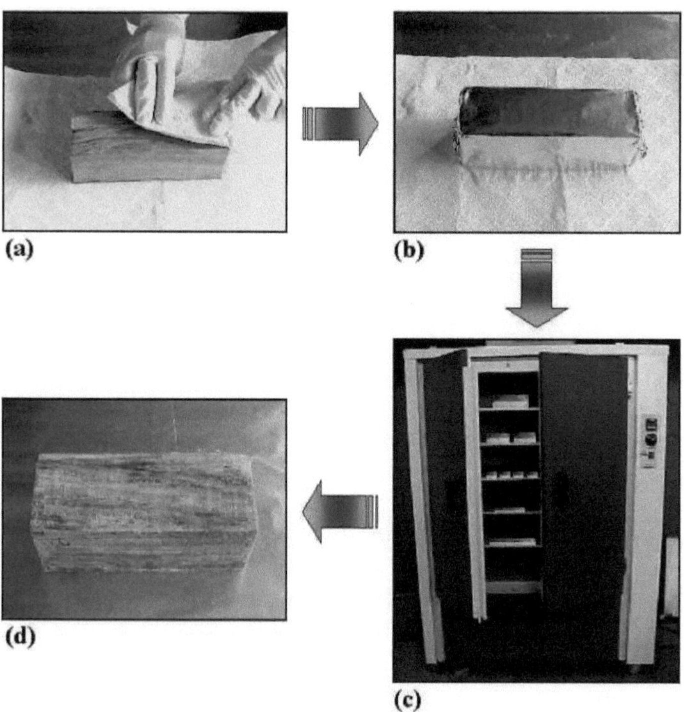

Figura 16 - Esquema do processo de polimerização: a) remoção do produto sobre-químico da superfície do corpo de prova; b) os corpos de prova envoltos em papel alumínio; c) estufa com corpos de prova - Fonte: Adaptado Nascimento (2003); d) compósito madeira-polímero.

5.6. Equipamento utilizado

Os equipamentos utilizados durante a realização do estudo foram:

- Impregnação:

- Autoclave, 159 litros de capacidade (Figura 15b).

- Ensaios físicos e mecânicos:

- Máquina universal de ensaios AMSLER, com capacidade de 250 kN (Figura 17).

- Equipamento para a determinação da tenacidade da madeira, construído por Siqueira (1986) (Figura 18).

- Máquina de envelhecimento acelerado Atlas Weather-Ometer, modelo 65 XW-WR1, com fonte de radiação de lâmpada de xénon de 6500 W, filtros internos e externos de borossilicato (Figura 19).

- Máquina de abrasão, com 70 ciclos/min, Abraser Modelo 5151/Taber Industries, que utiliza lixa (S-42), baseada na NEMA LD 3-2000 (Figura 20).

- Relógios comparadores, Mitutoyo indústria brasileira, com sensibilidade de 0,01 mm e 0,001 mm.

- Forno retilíneo, FANEM LTD/SP.

- Forno com movimento e renovação MA 035, MARCONI Equipamento e Calibração para Laboratórios (Figura 16c).

- Balança eletrónica digital, ACATEC - BDC 3300, com uma sensibilidade de 0,01 g.

- Paquímetro, Mitutoyo Digimatic Caliper MIP E-103, com uma sensibilidade de 0,01 mm.

- Fábrica completa para a preparação dos espécimes.

- Análise microscópica:

-      Microscópio eletrónico de varrimento (SEM) LEO-440i (figura 21).

Figura 17 - Máquina Universal de Ensaios AMSLER. Fonte: Stolf (2000).

Figura 18 - Equipamento para determinação da tenacidade da madeira. Fonte: Stolf (2000).

Figura 19 - Máquina de envelhecimento acelerado. Fonte: Nascimento (2003).

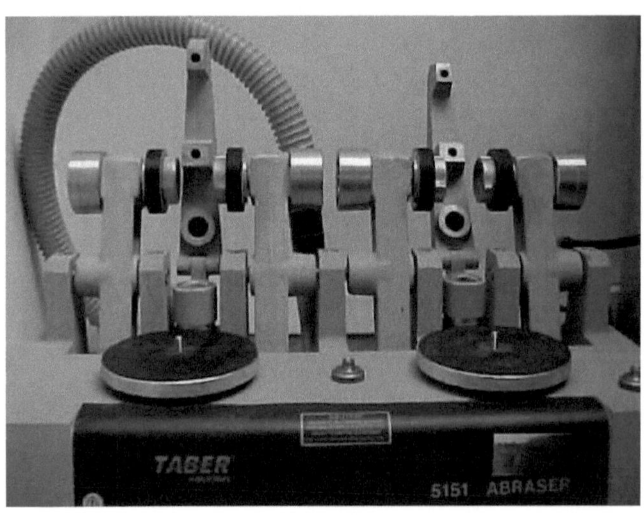

Figura 20 - Máquina de abrasão.

Figura 21 - Microscópio Eletrónico de Varrimento (SEM). Fonte: IQSC (2005).

5.7. Laboratórios

O preparo da solução (monômero + iniciador) foi realizado no laboratório do Grupo de Polímeros Bernhard Gross, do Instituto de Física de São Carlos (IFSC), da Universidade de São Paulo (USP).

O processo de impregnação e os ensaios mecânicos foram realizados no Laboratório de Estruturas de Madeira e Madeiras (LaMEM), do Departamento de Engenharia de Estruturas (SET), da Escola de Engenharia de São Carlos (EESC), da Universidade de São Paulo (USP).

O ensaio de desgaste mecânico foi realizado no Laboratório de Produto Acabado da Eucatex S.A., Botucatu/SP. O ensaio de intemperismo artificial foi realizado no Departamento de Engenharia de Materiais (DEMa), da Universidade Federal de São Carlos. A análise microscópica foi realizada na Central de Análise Química Instrumental (CAQI), do Instituto de Química de São Carlos (IQSC), da Universidade de São Paulo (USP).

5.8. Procedimentos de análise dos resultados

Na análise dos resultados foram empregados os procedimentos estatísticos de análise de regressão e comparação de pares, usuais em casos deste tipo, Meyer (1972). O teste de comparação de pares consiste em avaliar, CPs não impregnados (si) e impregnados com o monômero estireno (i - E) ou metacrilato de metila (i-M), se a diferença entre a média das propriedades físicas e mecânicas estudadas pode ser zero, indicando que podem ser admitidos como estatisticamente equivalentes.

Foi calculada a diferença entre os valores das propriedades, duas a duas - (si) e (i - E), (si) e (i - M), (i - E) e (i - M) - gerando as populações PA, PB e PC, respetivamente. A média e o desvio padrão dessas populações foram calculados e os intervalos de confiança obtidos, a um nível de probabilidade de 95%, de acordo com a Equação 1. Em geral, é necessário determinar o intervalo de confiança da média das diferenças entre dois conjuntos de dados.

$$\overline{X}_m - t_{\frac{\alpha}{2},n-1} \cdot \frac{S_m}{\sqrt{n}} \leq \mu \leq \overline{X}_m + t_{\frac{\alpha}{2},n-1} \cdot \frac{S_m}{\sqrt{n}} \tag{1}$$

Onde: μ é o intervalo de confiança, $\overline{X}_m$ é a média amostral da população, s_m é o desvio padrão amostral da população, n é o número de amostras, α é o nível de confiança (neste estudo adotado como 95%) e $t_{\frac{\alpha}{2},n-1}$ é o valor tabelado da distribuição "t" de Student com n - 1 graus de liberdade.

A análise foi efectuada com base neste intervalo. Se o zero pertencer a este intervalo, as médias das duas populações podem ser consideradas equivalentes. Se o zero não pertencer a este intervalo, significa que as mesmas não são consideradas estatisticamente equivalentes.

Capítulo 6

Apresentação e discussão dos resultados

Os ensaios foram realizados em provetes (CPs) não impregnados (si), impregnados com monómero de estireno (i-E) e impregnados com monómero de metacrilato de metilo (i-M), para as espécies *Eucalyptus grandis* (EG) e *Pinus caribaea* var. *hondurensis* (PC).

Nos itens seguintes são listados os resultados das propriedades físicas e mecânicas da madeira proposta no trabalho, referenciadas a 12% de humidade. Além disso, são apresentadas as análises da estrutura microscópica da madeira não impregnada e impregnada com os referidos monómeros. No Anexo III são apresentadas tabelas com os dados obtidos nos ensaios.

6.1. Fase A - *Eucalyptus grandis*

6.1.1. Não impregnação, impregnação com estireno e metacrilato de metilo, até à pressão de impregnação de 0,66 MPa

Apresentação e discussão dos resultados

6.1.1.1. Propriedades físicas e mecânicas

Nas Tabelas 6 a 8 e Figuras 22 a 27 são mostrados os valores médios das massas e das propriedades estudadas, obtidos no Sage A (item 5.2) para o *Eucalyptus grandis*.

Tabela 6 - Valores médios das massas dos EG - (si) e (i-E).

CP (g)	EG (si)	EG (i-E)
ρ	28,0	27,5
$\varepsilon_{r,2} - \varepsilon_{r,3} - \varepsilon_{i,2} - \varepsilon_{i,3}$	27,9	27,4
$f_{c0} - E_{c0}$	362,9	357,0
$f_{t0} - E_{t0}$	284,5	273,8
f_{t90}	121,3	106,9
f_{v0}	131,7	128,1
$f_{H0} - f_{H90}$	357,9	351,6
$W - f_{bw}$	111,6	105,4

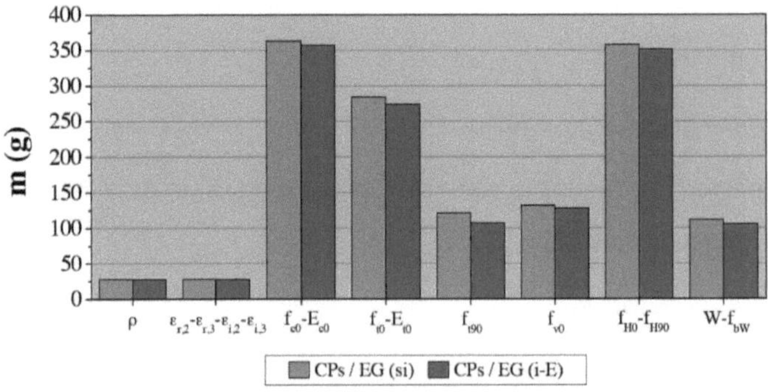

Figura 22 - Comparação das massas do EG - (si) e (i-E), média de doze CPs para cada propriedade.

Tabela 7 - Valores médios das massas do EG - (si) e (i-M).

CP (g)	EG (si)	EG (i-M)
ρ	27,2	27,3
$\varepsilon_{r,2}$ - $\varepsilon_{r,3}$ - $\varepsilon_{i,2}$ - $\varepsilon_{i,3}$	27,0	27,1
f_{c0} - E_{c0}	346,3	342,5
f_{t0} - E_{t0}	291,0	273,6
f_{t90}	230,5	229,2
f_{v0}	113,2	112,1
f_{H0} - f_{H90}	340,1	339,7
W - f_{bw}	109,2	105,0

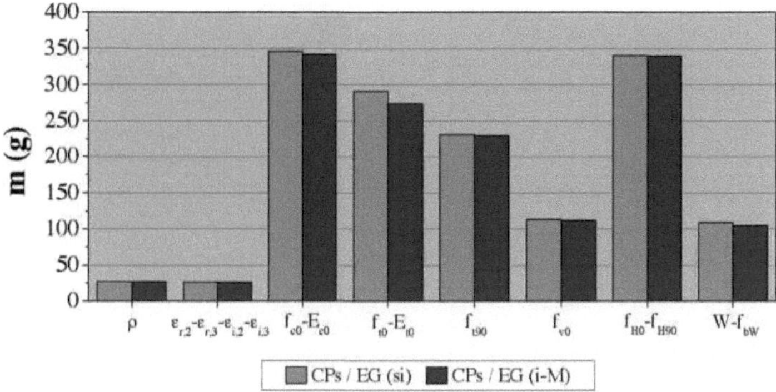

Figura 23 - Comparação entre as massas do EG - (si) e (i-M), média de doze CPs para cada propriedade.

Tabela 8 - Valores médios das propriedades físicas e mecânicas do EG - (si), (i-E) e (i-M).

Properties	EG (si)	EG (i-E)	EG (i-M)
ρ (g/cm^3)	0,990	0,992	0,973
$\varepsilon_{r,2}$ (%)	7,1	6,8	6,7
$\varepsilon_{r,3}$ (%)	8,3	8,5	8,4
$\varepsilon_{i,2}$ (%)	7,7	7,3	7,2
$\varepsilon_{i,3}$ (%)	9,2	9,3	9,3
f_{c0} (MPa)	55,9	63,3	62,2
E_{c0} (MPa)	19061	18885	18548
f_{t0} (MPa)	68,2	63,3	57,2
E_{t0} (MPa)	14023	15840	15357
f_{t90} (MPa)	5,8	6,4	5,9
f_{v0} (MPa)	17,9	18,9	18,8
f_{H0} (MPa)	126,0	187,9	181,8
f_{H90} (MPa)	99,2	135,7	132,3
W (J)	32,1	25,3	27,2
f_{bw} (kJ/m^2)	83805	69664	72728

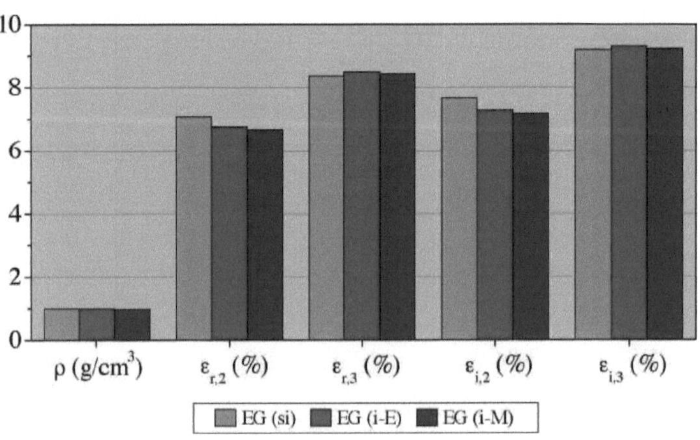

Figura 24 - Comparação entre as propriedades físicas do EG - (si), (i-E) e (i-M), média de doze CPs para cada propriedade.

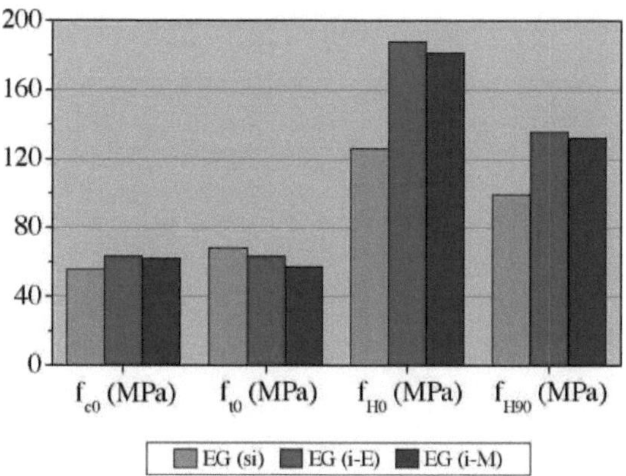

Figura 25 - Comparação entre as propriedades mecânicas do EG - (si), (i-E) e (i-M), média de doze CPs para cada propriedade.

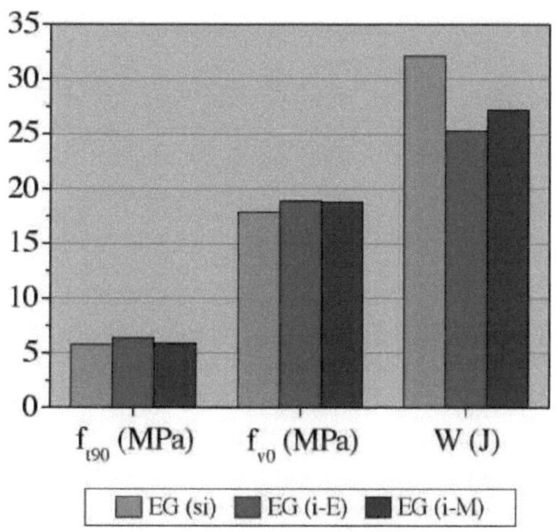

Figura 26 - Comparação entre as propriedades mecânicas do EG - (si), (i-E) e (i-M), média de doze CPs para cada propriedade.

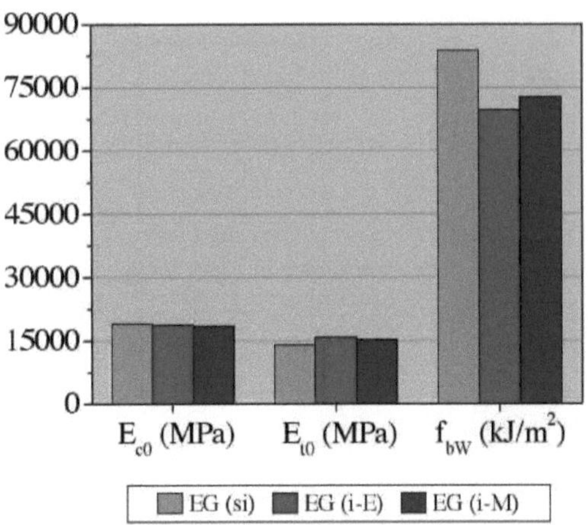

Figura 27 - Comparação entre as propriedades mecânicas do EG - (si), (i-E) e (i-M), média de doze CPs para cada propriedade.

6.1.1.2. Análise e discussão dos resultados

As Tabelas 9 e 10 mostram as variações percentuais médias das massas e das propriedades físicas e mecânicas, respetivamente, obtidas para as espécies de *Eucalyptus grandis* impregnadas com o monómero de estireno e metacrilato de metilo em relação à madeira não impregnada.

Tabela 9 - Variação percentual da média da massa do EG (i-e) e (i-M) em relação ao EG (si).

CP (g)	EG (si) and (i-E) (%)	EG (si) and (i-M) (%)
ρ	-1,8	0,4

$\varepsilon_{r,2}$ - $\varepsilon_{r,3}$ - $\varepsilon_{i,2}$ - $\varepsilon_{i,3}$	-1,8	0,4
f_{c0} - E_{c0}	-1,6	-1,1
f_{t0} - E_{t0}	-3,8	-6,0
f_{t90}	-11,9	-0,6
f_{v0}	-2,7	-1,0
f_{H0} - f_{H90}	-1,8	-0,1
W - f_{bw}	-5,6	-3,8

Tabela 10 - Variação percentual média das propriedades físicas e mecânicas do EG (i-E) e (i-M) em relação ao EG (si).

Properties	EG (si) and (i-E) (%)	EG (si) and (i-M) (%)
ρ (g/cm^3)	0,2	-1,7
$\varepsilon_{r,2}$ (%)	-4,2	-5,6
$\varepsilon_{r,3}$ (%)	2,4	1,2
$\varepsilon_{i,2}$ (%)	-5,2	-6,5
$\varepsilon_{i,3}$ (%)	1,1	1,1
f_{c0} (MPa)	13,2	11,3
E_{c0} (MPa)	-0,9	-2,7
f_{t0} (MPa)	-7,2	-16,1
E_{t0} (MPa)	13,0	9,5
f_{t90} (MPa)	10,3	1,7
f_{v0} (MPa)	5,6	5,0
f_{H0} (MPa)	49,1	44,3
f_{H90} (MPa)	36,8	33,4
W (J)	-21,2	-15,3
f_{bw} (kJ/m^2)	-16,9	-13,2

(a) A partir dos resultados obtidos para o *Eucalyptus grandis*, foi evidente que não houve absorção dos monómeros pela madeira, uma vez que a massa diminuiu após o procedimento de impregnação. Esta diminuição de massa pode ser explicada pela perda de água contida nos provetes quando estes foram colocados na estufa. Como não houve absorção, não se observou variação significativa nos valores de quase todas as propriedades físicas e mecânicas estudadas, como mostra a síntese da análise estatística dos resultados, na Tabela 11.

(b) As únicas propriedades que tiveram uma variação significativa foram a dureza paralela e a normal às fibras. Isso pode ser entendido considerando-se que essas são propriedades relacionadas às superfícies dos corpos-de-prova. Embora não tenha havido absorção dos monómeros, formou-se uma fina película, dos mesmos, na superfície da madeira, contribuindo para o aumento da dureza. Ainda a partir da Tabela 11, observou-se que as propriedades do *Eucalyptus grandis* (i-E) e (i-M) são equivalentes, no nível de confiabilidade adotado.

Tabela 11 - Intervalos de fiabilidade entre: EG (si) e (i-E)/EG (si) e (i-M)/EG (i-E) e (i-M).

Properties	EG (si) and (i-E)	EG (si) and (i-M)	EG (i-E) and (i-M)
ρ (g/cm^3)	$-0,017 \leq \mu \leq 0,014$	$-0,001 \leq \mu \leq 0,034$	$-0,001 \leq \mu \leq 0,038$
$\varepsilon_{r,2}$ (%)	$-0,3 \leq \mu \leq 0,9$	$-0,2 \leq \mu \leq 1,1$	$-0,2 \leq \mu \leq 0,4$

$\varepsilon_{r,3}$ (%)	$-0,6 \leq \mu \leq 0,3$	$-1,1 \leq \mu \leq 1,0$	$-0,7 \leq \mu \leq 0,9$
$\varepsilon_{i,2}$ (%)	$-0,3 \leq \mu \leq 1,1$	$-0,2 \leq \mu \leq 1,2$	$-0,3 \leq \mu \leq 0,5$
$\varepsilon_{i,3}$ (%)	$-0,7 \leq \mu \leq 0,4$	$-1,3 \leq \mu \leq 1,2$	$-0,9 \leq \mu \leq 1,1$
f_{c0} (MPa)	$-14,83 \leq \mu \leq 0,03$	$-12,54 \leq \mu \leq 0,09$	$-10,53 \leq \mu \leq 12,87$
E_{c0} (MPa)	$-3046 \leq \mu \leq 3398$	$-4321 \leq \mu \leq 5346$	$-2647 \leq \mu \leq 3320$
f_{t0} (MPa)	$-13 \leq \mu \leq 23$	$-5 \leq \mu \leq 27$	$-12 \leq \mu \leq 24$
E_{t0} (MPa)	$-3988 \leq \mu \leq 353$	$-2697 \leq \mu \leq 27$	$-2482 \leq \mu \leq 3447$
f_{t90} (MPa)	$-1,8 \leq \mu \leq 0,4$	$-1,1 \leq \mu \leq 0,8$	$-0,9 \leq \mu \leq 1,9$
f_{v0} (MPa)	$-2,9 \leq \mu \leq 0,9$	$-2,1 \leq \mu \leq 0,3$	$-1,7 \leq \mu \leq 2,0$
f_{H0} (MPa)	$-69 \leq \mu \leq -55$	$-61 \leq \mu \leq -50$	$-2 \leq \mu \leq 14$
f_{H90} (MPa)	$-42 \leq \mu \leq -31$	$-42 \leq \mu \leq -24$	$-7 \leq \mu \leq 13$
W (J)	$-0,4 \leq \mu \leq 13,9$	$-3,1 \leq \mu \leq 12,9$	$-10,1 \leq \mu \leq 6,3$
f_{bw} (kJ/m^2)	$-3936 \leq \mu \leq 32219$	$-11762 \leq \mu \leq 33916$	$-26511 \leq \mu \leq 20382$

(c) Essas conclusões são reforçadas pela análise das estruturas microscópicas de *Eucalyptus grandis* (si), (i-E) e (i-M), apresentadas, respetivamente, nas Figuras 28a, 28b e 28c. Como observado nelas, não houve penetração dos monômeros e posterior polimerização dos mesmos no interior das fibras e vasos da madeira.

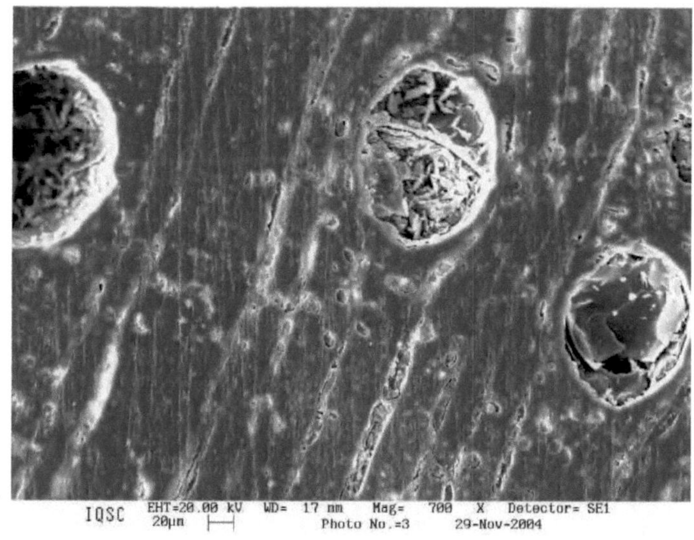

(a)

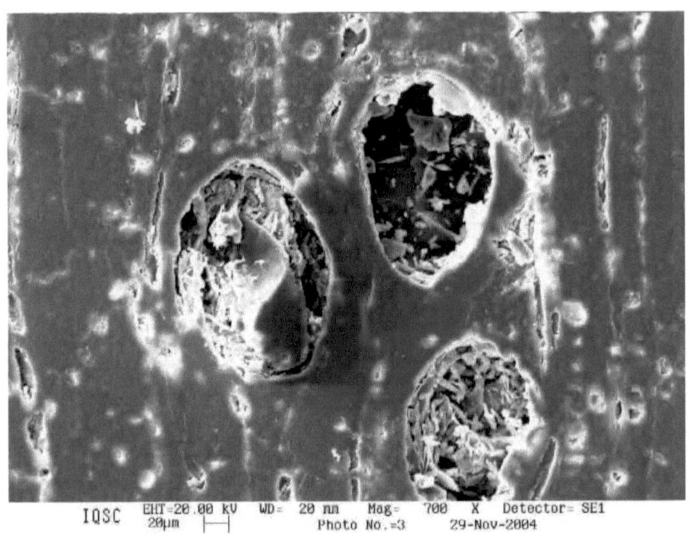

(b)

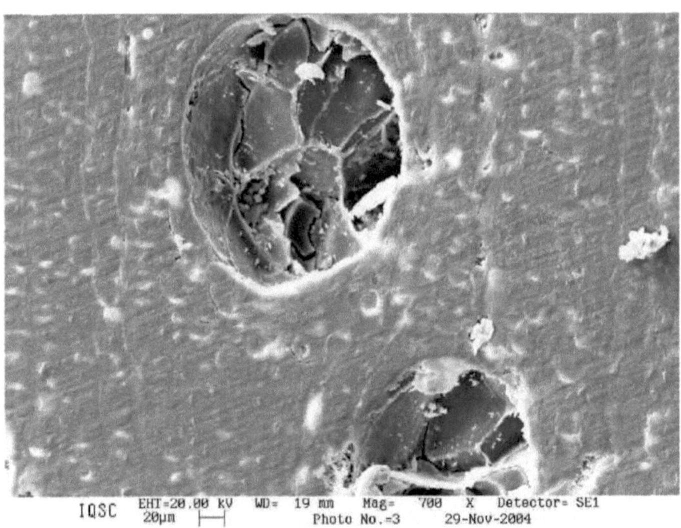

(c)

Figura 28 - Estrutura microscópica do *Eucalyptus grandis* observada no Microscópio Eletrónico de Varrimento: a) não impregnado; b) impregnado com estireno; c) impregnado com metacrilato de metilo.

Estes resultados confirmam os registos de Kollmann; Côté Jr (1968). Segundo os autores, o movimento da água capilar ocorre de uma célula para outra através das covas. Entretanto, para espécies do gênero Eucalyptus esse movimento é restrito por caraterísticas anatômicas da espécie, com predominância de covas de pequeno diâmetro e com vasos geralmente obstruídos por tiloses.

Essa caraterística define o *Eucalyptus grandis* como impermeável, segundo Vermaas[1] apud Santos et al. (2003). Isso também pode ser demonstrado a partir da Figura 29, onde a curva caraterística de secagem do *Eucalyptus grandis* não apresenta a taxa de secagem constante. A baixa permeabilidade da madeira é a principal responsável pelo entrave do deslocamento de líquido em seu interior, sua dificuldade de secagem e sua alta incidência de defeitos.

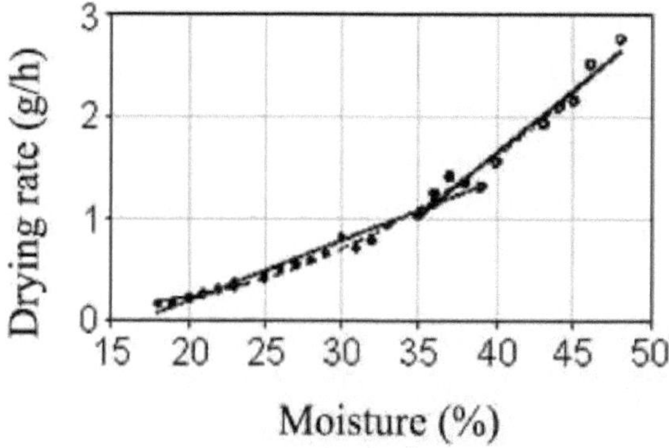

Figura 29 - Curva caraterística de secagem para *Eucalyptus grandis*. Fonte: Adaptado de Santos et al. (2003).

A baixa permeabilidade do *Eucalyptus grandis* também é confirmada por Severo (2004), que propôs os procedimentos de pré-vaporização para possibilitar a redução dos problemas de secagem, mesmo com aumento não desprezível no custo do produto final, para melhorar a permeabilidade do mesmo.

6.2. Fase A - *Pinus caribaea* var. *hondurensis*

1 VERMAAS, H.F. Revisão da tecnologia de secagem de eucaliptos jovens de crescimento rápido. In: IUFRO, O FUTURO DOS EUCALYPTS PARA PRODUTOS DE MADEIRA, Tasmânia, 2000. Actas. Tasmania: IUFRO, p.225-237, 2000. apud SANTOS, G.R.V.; JANKOWSKY, I.P.; ANDRADE, A. Curva caraterística de secagem para madeira de Eucalyptus grandis. Scientia Forestalis, n.63, p. 214-220, jun., 2003.

6.2.1. Não impregnado, impregnado com estireno e metacrilato de metilo, até à pressão de impregnação de 0,66 MPa

6.2.1.1. Propriedades físicas e mecânicas

Nas Tabelas 12 a 14 e Figuras 30 a 35 são apresentados os valores médios das massas e das propriedades estudadas, obtidos na Fase A (item 5.2) para *Pinus caribaea* var. *hondurensis*.

Tabela 12 - Valores médios das massas do PC - (si) e (i-E).

CP (g)	PC (si)	PC (i-E)
ρ	14,9	27,1
$\varepsilon_{r,2}$ - $\varepsilon_{r,3}$ - $\varepsilon_{i,2}$ - $\varepsilon_{i,3}$	14,4	27,1
f_{c0} - E_{c0}	186,1	324,1
f_{t0} - E_{t0}	166,8	314,7
f_{t90}	65,0	123,0
f_{v0}	71,2	124,8
f_{H0} - f_{H90}	189,4	323,7
W - f_{bw}	61,6	115,4

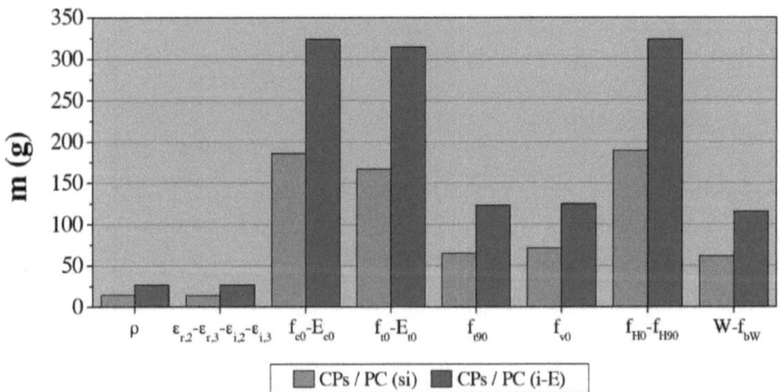

Figura 30 - Comparação entre as massas de PC - (si) e (i-E), média de doze PCs para cada propriedade.

Tabela 13 - Valores médios das massas de PC - (si) e (i-M).

CP (g)	PC (si)	PC (i-M)
ρ	14,9	24,6
$\varepsilon_{r,2}$ - $\varepsilon_{r,3}$ - $\varepsilon_{i,2}$ - $\varepsilon_{i,3}$	15,1	25,8
f_{c0} - E_{c0}	185,4	325,7
f_{t0} - E_{t0}	162,1	266,9
f_{t90}	132,0	228,9
f_{v0}	71,6	114,6
f_{H0} - f_{H90}	189,8	328,0
W - f_{bw}	57,4	96,7

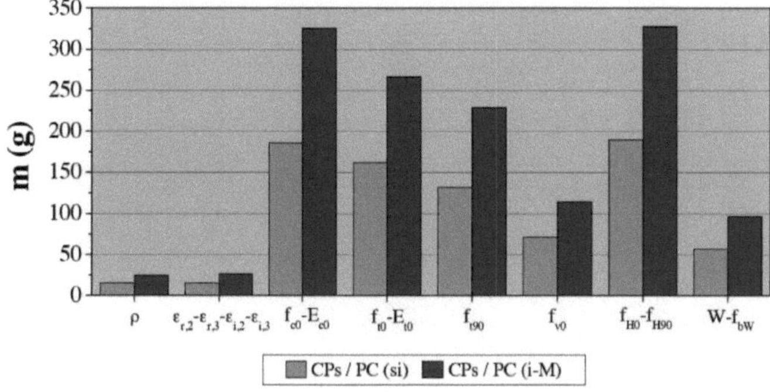

Figura 31 - Comparação entre as massas do PC - (si) e (i-M), média de doze PCs para cada propriedade.

Tabela 14 - Valores médios das propriedades físicas e mecânicas do CP - (si), (i-E) e (i-M).

Properties	PC (si)	PC (i-E)	PC (i-M)
ρ (g/cm^3)	0,531	0,949	0,899
$\varepsilon_{r,2}$ (%)	4,3	3,6	3,4
$\varepsilon_{r,3}$ (%)	5,9	5,1	5,0
$\varepsilon_{i,2}$ (%)	4,4	3,7	3,5
$\varepsilon_{i,3}$ (%)	6,1	4,9	4,7
f_{c0} (MPa)	42,0	85,2	86,8
E_{c0} (MPa)	10945	19083	17333
f_{t0} (MPa)	48,8	83,7	81,6
E_{t0} (MPa)	10217	15016	14097
f_{t90} (MPa)	2,7	4,5	4,4
f_{v0} (MPa)	10,1	16,7	16,3
f_{H0} (MPa)	47,1	188,2	187,5
f_{H90} (MPa)	25,3	133,2	143,5
W (J)	12,7	23,1	25,4
f_{bw} (kJ/m^2)	32855	60857	65423

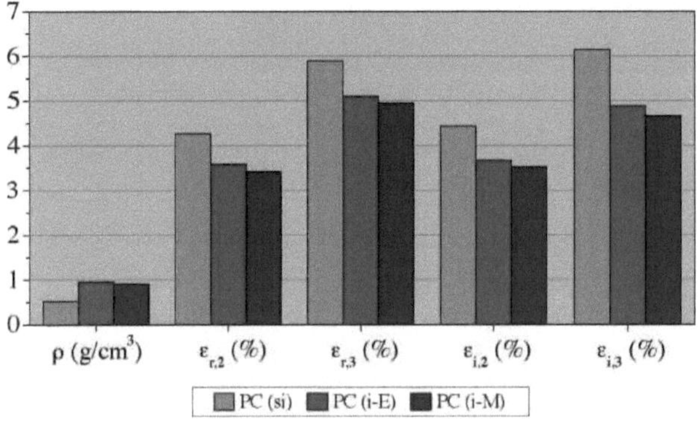

Figura 32 - Comparação entre as propriedades físicas do CP - (si), (i-E) e (i-M), média de doze CPs para cada propriedade.

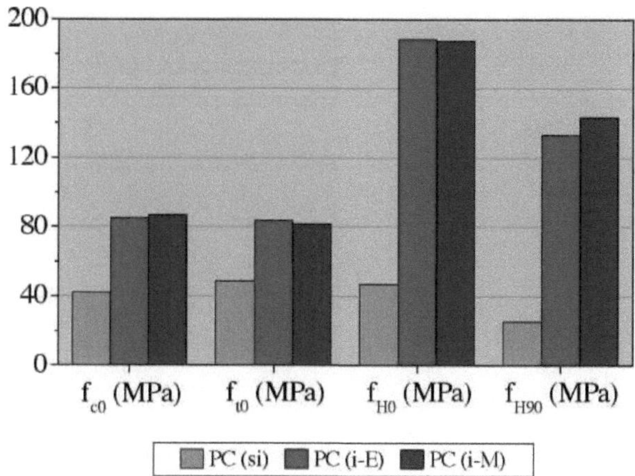

Figura 33 - Comparação entre as propriedades mecânicas do CP - (si), (i-E) e (i-M), média de doze CPs para cada propriedade.

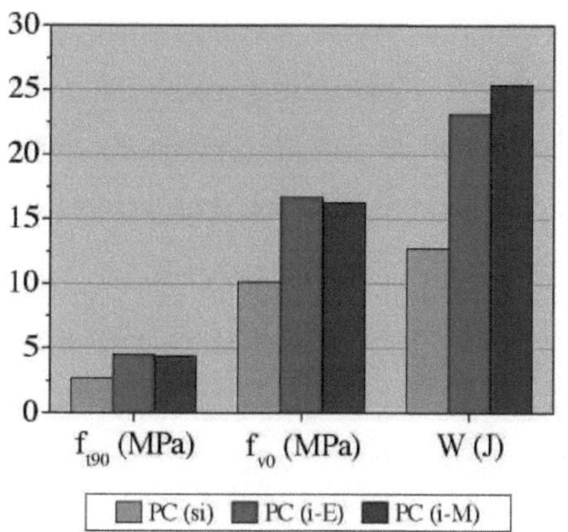

Figura 34 - Comparação entre as propriedades mecânicas do CP - (si), (i-E) e (i-M), média de doze CPs para cada propriedade.

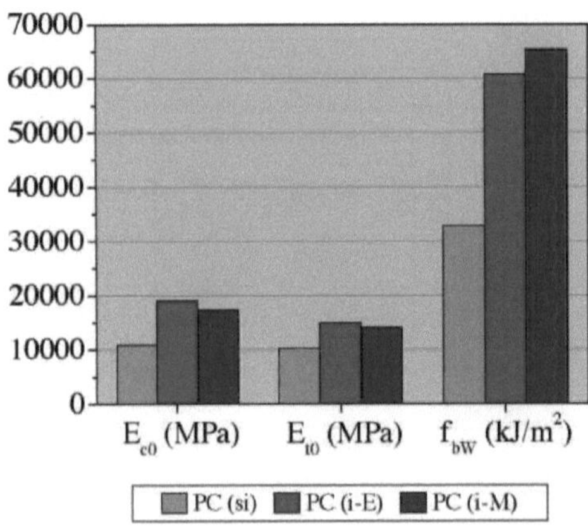

Figura 35 - Comparação entre as propriedades mecânicas do CP - (si), (i-E) e (i-M), média de doze CPs para cada propriedade.

6.2.1.2. Análise e discussão dos resultados

Nos Quadros 15 e 16 apresentam-se as variações percentuais médias das massas e das propriedades físicas e mecânicas, respetivamente, obtidas para as espécies de *Pinus caribaea* var. *hondurensis* impregnadas com monómero de estireno e metacrilato de metilo, em relação à madeira sem impregnação.

Tabela 15 - Variação percentual das massas médias dos CP (i-E) e (i-M) em relação ao CP (si).

CP (g)	PC (si) and (i-E) (%)	PC (si) and (i-M) (%)
ρ	81,9	65,1
$\varepsilon_{r,2}$ - $\varepsilon_{r,3}$ - $\varepsilon_{l,2}$ - $\varepsilon_{l,3}$	88,2	70,9
f_{c0} - E_{c0}	74,2	75,7
f_{t0} - E_{t0}	88,7	64,7
f_{t90}	89,2	73,4
f_{v0}	75,3	60,1
f_{H0} - f_{H90}	70,9	72,8
W - f_{bw}	87,3	68,5

Tabela 16 - Variação percentual média das propriedades físicas e mecânicas dos CP (i-E) e (i-M) em relação ao CP (si).

Propriedade	PC (si) and (i-E) (%)	PC (si) and (i-M) (%)
ρ (g/cm3)	78,7	69,3
$\varepsilon_{r,2}$ (%)	-16,3	-20,9
$\varepsilon_{r,3}$ (%)	-13,6	-15,3
$\varepsilon_{i,2}$ (%)	-15,9	-20,5
$\varepsilon_{i,3}$ (%)	-19,7	-23,0
f_{c0} (MPa)	102,9	106,7
E_{c0} (MPa)	74,4	58,4
f_{t0} (MPa)	71,5	67,2
E_{t0} (MPa)	47,0	38,0
f_{t90} (MPa)	66,7	63,0
f_{v0} (MPa)	65,3	61,4
f_{H0} (MPa)	299,6	298,1
f_{H90} (MPa)	426,5	467,2
W (J)	81,9	100,0
f_{bw} (kJ/m2)	85,2	99,1

(a) A partir dos resultados apresentados para o *Pinus caribaea* var. *hondurensis*, ficou claro que houve absorção dos monómeros pela madeira, uma vez que esta massa aumentou consideravelmente após a impregnação.

(b) Quanto à estabilidade dimensional, houve redução da retratibilidade radial total (16% para i-E e 21% para i-M), da retratibilidade tangencial total (14% para i-E e 15% para i-M), do intumescimento radial (16% para i-E e 21% para i-M) e do intumescimento tangencial total (20% para i-E e 23% para i-M). Estes valores demonstram que a impregnação atingiu o lúmen e as paredes dos elementos anatómicos, estabelecendo ligações químicas que conduziram às reduções referidas, melhorando consideravelmente a estabilidade dimensional dos compósitos. Os valores mais elevados de percentagem para as propriedades na direção radial confirmam o efeito positivo da impregnação.

(c) Com relação às propriedades em compressão paralela às fibras, observa-se que o ganho de fc0 (103% para i-E e 107% para i-M) supera o ganho de Ec0 (74% para i-E e 58% para i-M). Esse fato pode ser explicado pela maior influência, em fc0, do preenchimento do lúmen celular (que aumenta a restrição à perda de estabilidade dos traqueídes dos feixes comprimidos), do que pela impregnação das paredes celulares, cujo aumento da dureza é responsável pelo aumento dos valores de EC0.

(d) Aumentos em ft0 (72% para i-E e 67% para i-M) e em Et0 (47% para i-E e 38% para i-M) mostram que as propriedades em tração paralela às fibras são mais afetadas pela impregnação das paredes celulares do que pelo preenchimento do lúmen mostram que as propriedades em tração paralela às fibras são mais afetadas pela impregnação das paredes celulares do que pelo preenchimento do lúmen. Pelas Figuras 36b e 36c, observa-se que o volume de polímero no lúmen das células é maior do que o que será acomodado nas paredes, fazendo com que ft0 e Et0 tenham ganhos percentuais menores em relação a f_{c0} e E_{c0} .

(e) Observou-se nos provetes ensaiados não impregnados, $f_{t0} \approx 1,16\ fc0$, enquanto que $f_{t0} \approx f_{c0}$ para os provetes impregnados. Este facto evidencia outro aspeto favorável da impregnação, que é o de reduzir a heterogeneidade dos compósitos (comparativamente à madeira natural) no que respeita à compressão e à tração paralela às fibras. Relativamente à dureza, obteve-se $E_{c0} \approx E_{t0}$ para todas as situações (si, i-E e i-M), o que era de esperar, quer para a madeira natural, segundo Rocco Lahr (1983), quer para a madeira impregnada, conforme revisões anteriores.

(f) Os ganhos de resistência à tração normal às fibras (67% para i-E e 63% para i-M) e de resistência ao cisalhamento paralelo às fibras (65% para i-E e 61% para iM) são da mesma ordem de grandeza observada para a resistência à tração paralela às fibras e são explicados de forma análoga ao item 6.2.1.2.d.

(g) Os ganhos mais significativos ocorreram na dureza paralela e normal às fibras. No caso da fH0 foram atingidos 300% (iE) e 298% (M) enquanto que, para a fH90, foram atingidos 427% (i-E) e 467% (i-M). As variações mais significativas de f_{H90} devem-se ao facto de esta propriedade ser mais afetada pelo enchimento do lúmen em relação a f_{H0} .

(h) Os ganhos de tenacidade e de resistência ao impacto em flexão são obviamente equivalentes (82% para i-E e 100% para i-M) mostrando, também para as propriedades, a conveniência da impregnação. W e f_{bw} são sensíveis à impregnação das paredes, sendo pouco afectados pelo preenchimento do lúmen das células.

(i) A análise estatística dos resultados do *Pinus caribaea* var. *hondurensis* (si) em relação ao *Pinus caribaea* var. *hondurensis* (i-E) e (i-M) confirma a variação significativa das propriedades estudadas, como se pode ver na Tabela 17. Mais uma vez se observou uma equivalência estatística entre as propriedades de *Pinus caribaea* var. *hondurensis* (i-E) e (i-M).

Tabela 17 - Intervalos de confiança entre: PC (si) e (i-E) / PC (si) e (iM) / PC (i-E) e (i-M).

Properties	PC (si) and (i-E)	PC (si) and (i-M)	PC (i-E) and (i-M)
ρ (g/cm^3)	$-0{,}52 \leq \mu \leq -0{,}32$	$-0{,}44 \leq \mu \leq -0{,}29$	$-0{,}03 \leq \mu \leq 0{,}13$
$\varepsilon_{r,2}$ (%)	$0{,}5 \leq \mu \leq 0{,}9$	$0{,}5 \leq \mu \leq 1{,}2$	$-0{,}2 \leq \mu \leq 0{,}5$
$\varepsilon_{r,3}$ (%)	$0{,}4 \leq \mu \leq 1{,}2$	$0{,}5 \leq \mu \leq 1{,}4$	$-0{,}1 \leq \mu \leq 0{,}5$
$\varepsilon_{i,2}$ (%)	$0{,}6 \leq \mu \leq 0{,}9$	$0{,}7 \leq \mu \leq 1{,}1$	$-0{,}1 \leq \mu \leq 0{,}4$
$\varepsilon_{i,3}$ (%)	$0{,}7 \leq \mu \leq 1{,}8$	$0{,}8 \leq \mu \leq 2{,}2$	$-0{,}1 \leq \mu \leq 0{,}5$
f_{c0} (MPa)	$-49 \leq \mu \leq -37$	$-53 \leq \mu \leq -36$	$-10 \leq \mu \leq 7$
E_{c0} (MPa)	$-12392 \leq \mu \leq -3883$	$-9638 \leq \mu \leq -3136$	$-3099 \leq \mu \leq 6600$
f_{t0} (MPa)	$-47 \leq \mu \leq -23$	$-40 \leq \mu \leq -26$	$-6 \leq \mu \leq 11$
E_{t0} (MPa)	$-6599 \leq \mu \leq -3001$	$-5269 \leq \mu \leq -2492$	$-662 \leq \mu \leq 2501$
f_{t90} (MPa)	$-2{,}4 \leq \mu \leq -1{,}3$	$-2{,}4 \leq \mu \leq -1{,}1$	$-0{,}5 \leq \mu \leq 0{,}6$
f_{v0} (MPa)	$-10 \leq \mu \leq -4$	$-8 \leq \mu \leq -4$	$-1 \leq \mu \leq 2$
f_{II0} (MPa)	$-159 \leq \mu \leq -123$	$-153 \leq \mu \leq -128$	$-16 \leq \mu \leq 17$
f_{H90} (MPa)	$-126 \leq \mu \leq -89$	$-142 \leq \mu \leq -94$	$-24 \leq \mu \leq 4$
W (J)	$-14 \leq \mu \leq -7$	$-17 \leq \mu \leq -8$	$-9 \leq \mu \leq 4$
f_{bw} (kJ/m^2)	$-37067 \leq \mu \leq -18938$	$-44829 \leq \mu \leq -20307$	$-22122 \leq \mu \leq 12990$

(j) A análise das estruturas microscópicas de *Pinus caribaea* var. *hondurensis* (si), (i-E) e (i-M), apresentadas respetivamente nas Figuras 36a, 36b e 36c, mostrou que houve penetração de monómeros e posterior polimerização dos mesmos no interior de quase todos os traqueídos, bem como nas paredes celulares. Este facto deve-se à estrutura mais porosa e permeável do *Pinus caribaea* var. *hondurensis*, que permite a sua impregnação e posterior retenção do poliestireno e do polimetacrilato de metilo no lúmen das células.

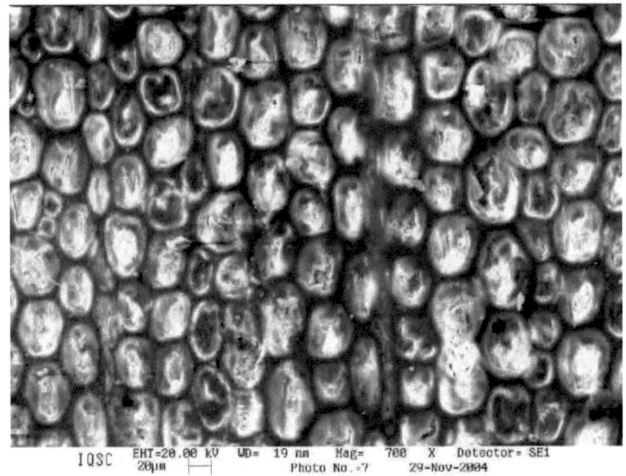

(a)

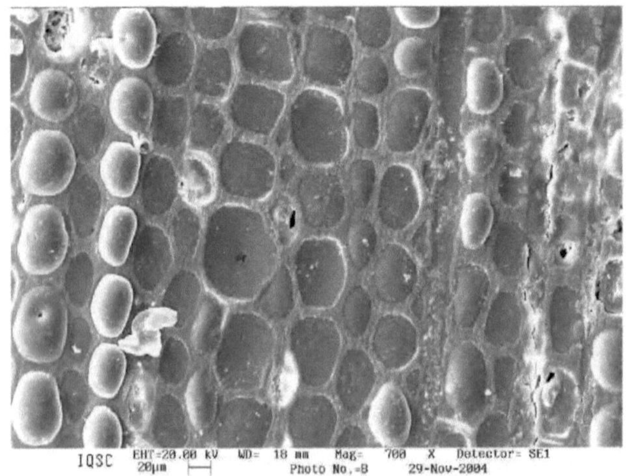

(b)

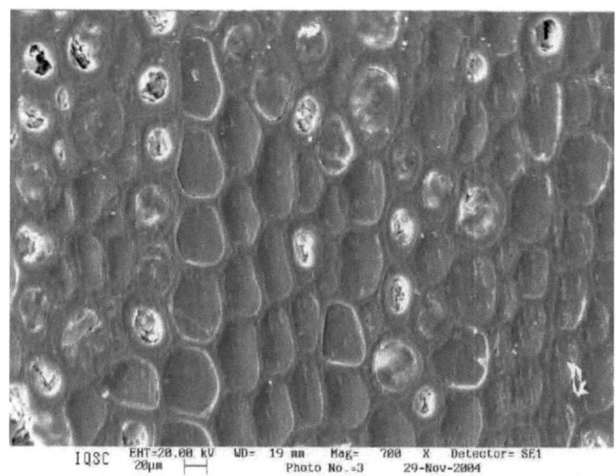

(c)

Figura 36 - Estrutura microscópica de *Pinus caribaea* var. *hondurensis* observada em Microscópio Eletrónico de Varrimento: a) Não impregnado; b) impregnado com estireno; c) impregnado com metacrilato de metilo.

6.3. Fase B - *Pinus caribaea* var. *Hondurensis*

6.3.1. Não impregnado e impregnado com metacrilato de metilo

Verificada a equivalência estatística entre as propriedades mencionadas do *Pinus caribaea* var. *Hondurensis* (i-E) e (i-M), obtiveram-se as seguintes propriedades mecânicas apenas para o *Pinus* impregnado com metacrilato de metilo, mencionado na Fase B (ponto 5.2).

6.3.1.1. Propriedades mecânicas à pressão de impregnação 0,66 MPa

(a) Módulo de resistência à flexão estática (f_M) e módulo longitudinal em flexão estática (E_{M})

Nas Tabelas 18 a 19 e também nas Figuras 37 e 38 são apresentados os valores médios das massas e das propriedades estudadas (fM e E_{M0}), para *Pinus caribaea* var. *hondurensis*.

Tabela 18 - Valor médio das massas do CP - (si) e (i-M), em ensaio de flexão estática.

CP (g)	PC (si)	PC (i-M)
f_M - E_{M0}	74,5	124,6

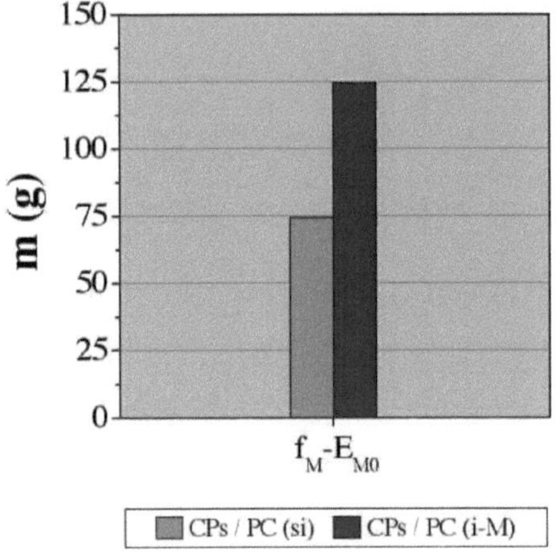

Figura 37 - Comparação entre as massas de PC - (si) e (i-M), média de seis PCs para cada propriedade.

Tabela 19 - Valores médios das propriedades mecânicas do PC - (si) e (i-M).

Properties	PC (si)	PC (i-M)
f_M (MPa)	79,8	120,2
E_{M0} (MPa)	7814	11045

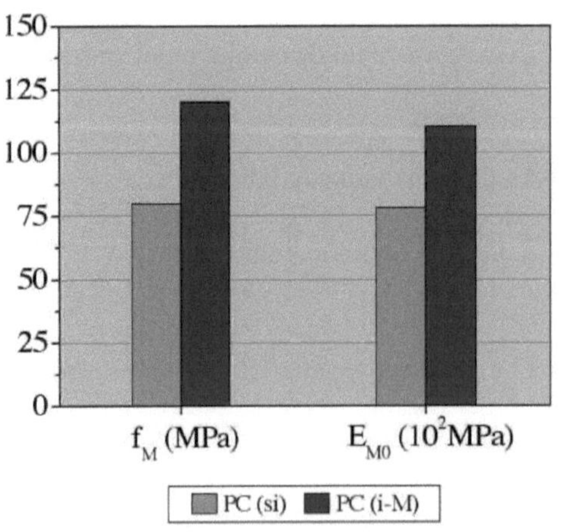

Figura 38 - Comparação entre as propriedades mecânicas do PC - (si) e (iM), média de seis CPs para cada propriedade.

Nos Quadros 20 e 21 apresentam-se as variações percentuais médias de massa e de propriedades físicas e mecânicas, respetivamente, obtidas para a espécie *Pinus caribaea* var. *hondurensis* impregnada com o monómero metacrilato de metilo em relação à madeira não impregnada.

Tabela 20 - Variação percentual média da massa do PC (i-M) em relação ao PC (si).

CP (g)	PC (si) e (i-M) (%)
f_M - E_{M0}	67,2

Tabela 21 - Variação percentual média das propriedades mecânicas do CP (i-M) em relação ao CP (si).

Properties	PC (si) and (i-M) (%)
f_M (MPa)	50,6
E_{M0} (MPa)	41,3

A partir dos resultados apresentados para o *Pinus caribaea* var. *hondurensis*, pode observar-se que houve absorção dos monómeros pela madeira, uma vez que a massa desta aumentou após o processo de impregnação. Também se observou uma variação significativa nos valores de todas as propriedades mecânicas estudadas.

A análise estatística dos resultados do *Pinus caribaea* var. *hondurensis* (si) em relação ao *Pinus caribaea* var. *hondurensis* (i-M) confirma a variação estatisticamente significativa das propriedades estudadas, como se pode ver na Tabela 22.

Tabela 22- Intervalos de confiança entre: PC (si) e (i-M).

Properties	PC (si) e (i-M)
f_M (MPa)	$-53 \leq \mu \leq -28$
E_{M0} (MPa)	$-4007 \leq \mu \leq -2456$

b) Taxa de desgaste (abrasão)

A Figura 39 e a Tabela 23 mostram, respetivamente, os valores médios das massas, as variações percentuais médias das mesmas e a taxa de desgaste no ensaio de desgaste mecânico, realizado com 3000 ciclos, para a espécie *Pinus caribaea* var. *hondurensis* não impregnada e impregnada com metacrilato de metilo.

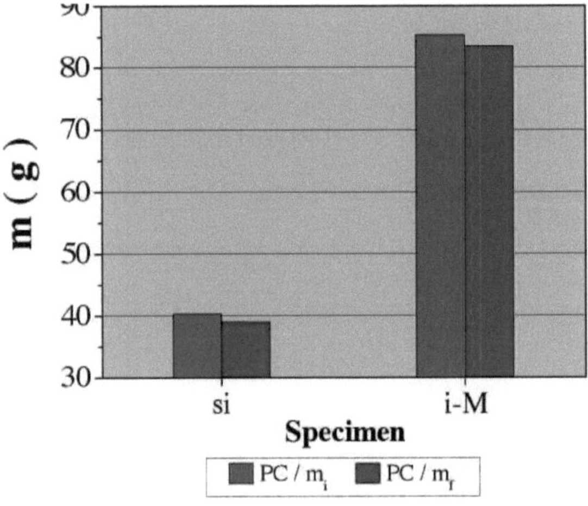

Figura 39 - Comparação entre a massa inicial (mi) e a massa final (mf) do PC - (si) e (i-M), média de três CPs para cada propriedade.

Tabela 23- Variação percentual média das massas e da taxa de desgaste dos CP (si) e (i-M), no ensaio de desgaste mecânico.

CP	m_i (g)	m_f (g)	Variation of mass - PC (%)	Wear rate - PC (% / 100 cycles)
si	40,3	39,0	-3,2	0,11
i-M	85,3	83,5	-2,1	0,07

Os resultados mostraram que o compósito resiste mais à abrasão do que a madeira não impregnada, como se pode verificar pela comparação das variações médias da massa e da taxa de desgaste entre o PC (si) e o PC (i-M), no ensaio de desgaste mecânico.

6.3.1.2. Influência da meteorização artificial nas propriedades mecânicas

Nas Tabelas 24 e 25 e também nas Figuras 40 e 41 são apresentados os valores médios das propriedades mecânicas estudadas (fc0, Ec0 e fH90) para o *Pinus caribaea* var. *hondurensis*, não impregnado e impregnado com metacrilato de metilo (pressão 0,66

MPa) antes e após o processo de envelhecimento acelerado (Env). Os espécimes permaneceram na Máquina de Envelhecimento Acelerado até às 2400H, correspondendo ao envelhecimento proporcionado por dois anos de exposição à intempérie natural.

Tabela 24 - Valores médios das propriedades mecânicas do PC - (si) e (si -Env).

Propreties	PC (si)	PC (si - Env)
f_{c0} (MPa)	47,5	39,9
E_{c0} (MPa)	11253	9869
f_{H90} (MPa)	29,6	27,6

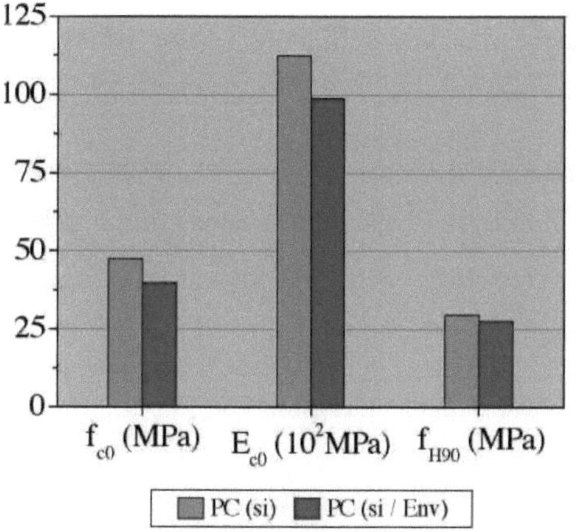

Figura 40 - Comparação entre as propriedades mecânicas do CP - (si) e (si / Env), média de seis CPs para cada propriedade.

Tabela 25 - Valores médios das propriedades mecânicas do PC - (i-M) e (i-M - Env).

Properties	PC (i-M)	PC (i-M - Env)
f_{c0} (MPa)	87,6	80,4
E_{c0} (MPa)	15360	14409
f_{H90} (MPa)	132,4	128,8

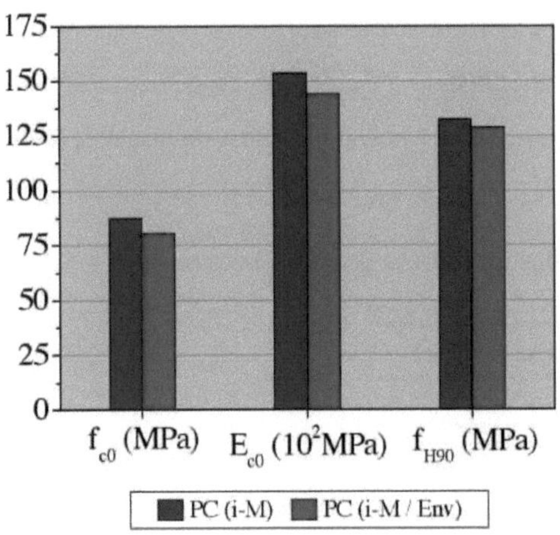

Figura 41 - Comparação entre as propriedades mecânicas do PC - (i-M) e (i-M/Env), média de seis CPs para cada propriedade.

Na Tabela 26 apresentam-se as variações percentuais médias das propriedades mecânicas da espécie *Pinus caribaea* var. *hondurensis* não impregnada e impregnada com metacrilato de metilo (pressão 0,66 MPa) envelhecida artificialmente, relativamente à madeira sem envelhecimento.

Tabela 26 - Variação percentual média das propriedades mecânicas do PC (si / Env) e (i-M / Env) em relação ao PC (si) e (i-M) sem envelhecimento.

Properties	PC (si) and (si / Env) (%)	PC (i-M) and (i-M / Env) (%)
f_{c0} (MPa)	-16,0	-8,2
E_{c0} (MPa)	-12,3	-6,2
f_{H90} (MPa)	-6,8	-2,7

Os resultados mostraram que o compósito de Pinus-metacrilato é menos suscetível ao envelhecimento do que a madeira não impregnada.

6.3.1.3. Influência da pressão de impregnação nas propriedades mecânicas

Para avaliar a influência da pressão de impregnação nas propriedades mecânicas, foram determinadas quatro propriedades (f_{c0}, E_{c0}, f_{H0} e f_{H90}) para o PC (si) e PC (i-M) a 0,22 e 0,44 MPa de pressão.

As Tabelas 27 a 29 apresentam os valores médios da massa e das propriedades mecânicas estudadas para o *Pinus caribaea* var. *hondurensis*, não impregnado e impregnado com metacrilato de metilo (média de seis PCs para cada propriedade) para cada pressão de impregnação utilizada.

Tabela 27 - Valores médios da massa do CP - (si) e (i-M), para P = 0,22 MPa.

CP (g)	PC (si)	PC (i-M) $P = 0,22$ Mpa
f_{c0} - E_{c0}	115,4	145,9
f_{H0} - f_{H90}	116,1	145,4

Tabela 28 - Valores médios da massa do CP - (si) e (i-M), para P = 0,44 MPa.

CP (g)	PC (si)	PC (i-M) $P = 0,44$ Mpa
f_{c0} - E_{c0}	114,9	174,8
f_{H0} - f_{H90}	116,2	174,6

Tabela 29 - Valores médios das propriedades mecânicas do CP - (si) e (i-M), para P = 0,22 e 0,44 MPa.

Properties	Pressure (MPa)		
	0	0,22	0,44
f_{c0} (MPa)	44,9	60,4	73,8
E_{c0} (MPa)	10008	12693	14844
f_{H0} (MPa)	60,8	106,6	149,3
f_{H90} (MPa)	37,0	75,9	112,4

Nos quadros 30 e 31 apresentam-se as variações médias de massa e de propriedades mecânicas, respetivamente, obtidas para a espécie *Pinus caribaea* var. *hondurensis* impregnada com o monómero metacrilato de metilo em relação à madeira não impregnada.

Tabela 30 - Variação percentual média das massas do CP (i-M), para P = 0,22 e 0,44 MPa, em relação ao CP (si).

CP (g)	PC (si) and (i-M / 0,22 MPa) (%)	PC (si) and (i-M / 0,44 MPa) (%)
f_{c0} - E_{c0}	26,4	52,1
f_{H0} – f_{H90}	25,2	50,3

Tabela 31 - Variação percentual média das propriedades mecânicas do CP (i-M), para P = 0,22 e 0,44 MPa, em relação ao CP (si).

Properties	PC (si) and (i-M / 0,22 MPa) (%)	PC (si) and (i-M / 0,44 MPa) (%)
f_{c0} (MPa)	34,5	64,4
E_{c0} (MPa)	26,8	48,3
f_{H0} (MPa)	75,3	145,6
f_{H90} (MPa)	105,1	203,8

Nas figuras 42 a 45 apresentam-se os gráficos das propriedades mecânicas em função da pressão de impregnação, para o *Pinus caribaea* var. *hondurensis*. Nos gráficos apresentam-se as propriedades para P = 0,66 MPa, obtidas na fase A. Para efeitos de comparação, calcularam-se os valores das propriedades da madeira impregnada em relação aos obtidos para a madeira sem impregnação.

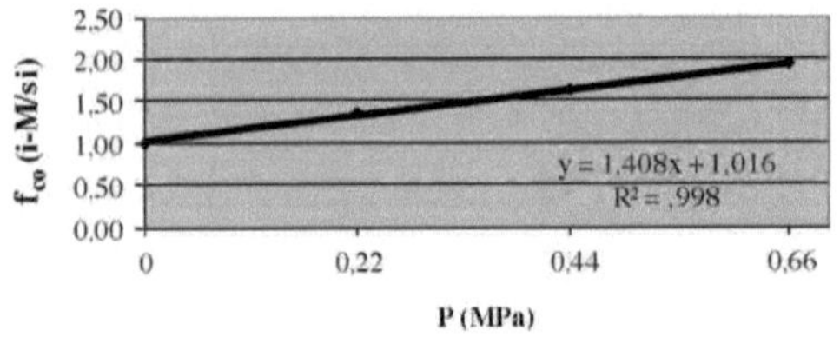

Figura 42 - Resistência à compressão paralela às fibras versus pressão nos CPs de PC.

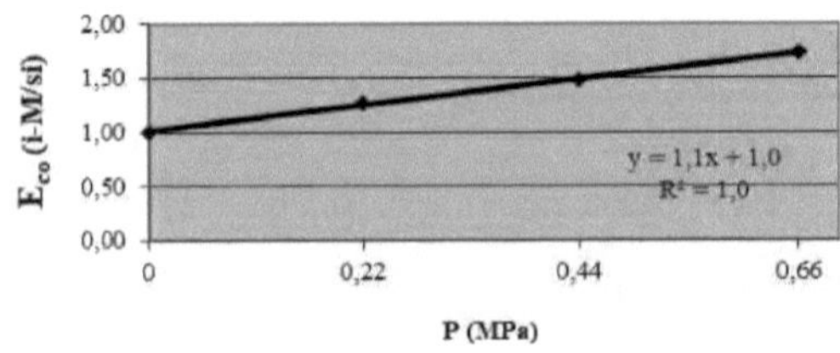

Figura 43 - Módulo de elasticidade longitudinal em compressão paralela às fibras versus pressão nos CPs PC.

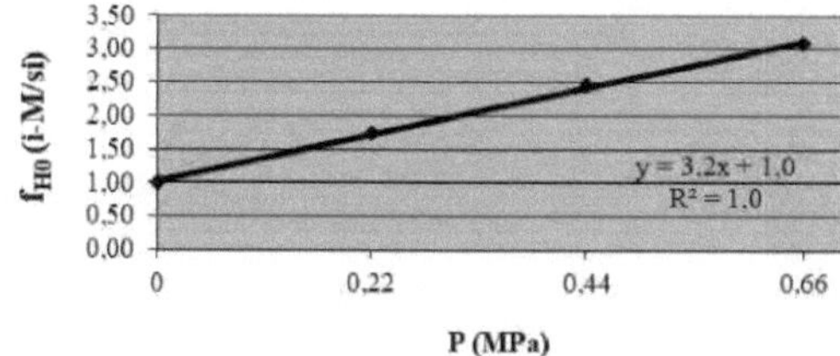

Figura 44 - Dureza paralela às fibras versus pressão em CPs de PC.

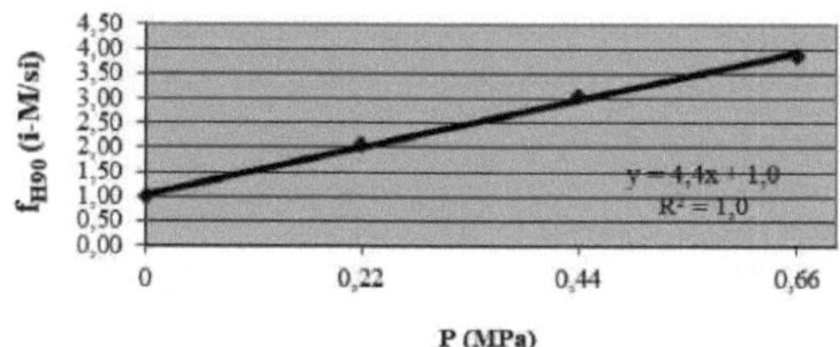

Figura 45 - Dureza normal às fibras versus pressão em CPs de PC.

A análise de regressão mostrou que, no intervalo entre 0 e 0,66 MPa, um aumento de pressão de 0,1 MPa corresponde a um aumento de 14% na resistência à compressão paralela às fibras, de 11% no módulo de elasticidade longitudinal em compressão paralela às fibras, de 32% na dureza paralela às fibras de 44% na dureza normal às fibras.

6.4. Propriedades dos compósitos de PC e de algumas espécies de uso consagrado

Para fins exclusivos de comparação, são mostrados na Tabela 32, os valores médios das propriedades estudadas dos compósitos de CP (i-E e i-M) e das espécies Angelim vermelho (*Dinizia excelsa*), Ipê (*Tabebuia serritefolia*), Itaúba (*Mezilaurus itauba) e* Jatobá (*Hymenaea sp)*. Tais espécies foram objeto de estudos de Dias; Rocco Lahr (2004).

Esta comparação valoriza muito os resultados obtidos no decurso deste trabalho.

Tabela 32 - Valores médios das propriedades do PC - (i-E) e (i-M) comparados ao Angelim vermelho, Ipê, Itaúba e Jatobá, extraídos do trabalho de Dias; Rocco Lahr (2004).

Properties	PC (i-E)	PC (i-M)	Angelim-vermelho	Ipê	Itaúba	Jatobá
ρ (g/cm^3)	1,0	0,9	1,1	1,1	0,9	1,1
f_{c0} (MPa)	85	87	78	78	69	91
E_{c0} (MPa)	19083	17333	16695	17398	17443	22967
f_{t0} (MPa)	84	82	105	108	104	162
E_{t0} (MPa)	15016	14097	17024	16469	17630	21394
f_{t90} (MPa)	4,5	4,4	4,8	3,5	2,1	3,4
f_{v0} (MPa)	17	16	19	21	17	25,5
f_{H0} (MPa)	188	188	146	158	77	166
f_{H90} (MPa)	133	144	137	131	74	127

Capítulo 7

Conclusão

A comparação da estrutura microscópica do *Eucalyptus grandis* não impregnado e impregnado com ambos, o monómero de estireno e com o metacrilato de metilo, mostrou que houve uma baixa penetração dos monómeros e subsequente polimerização dos mesmos no interior das fibras da madeira.

Em consequência desta baixa penetração, os resultados mostram variações estatisticamente não significativas para todas as propriedades propostas no estudo, com exceção da dureza e das fibras normais e paralelas, entre a madeira não impregnada e impregnada com os monómeros de estireno e metacrilato de metilo. A presença do poliestireno e do poli metacrilato de metilo, apenas na superfície do provete, provocou variações nas propriedades acima referidas.

A análise da microestrutura do *Pinus caribaea* var. *hondurensis* não impregnado em comparação com a do Pinus impregnado, tanto com o monómero de estireno como com o metacrilato de metilo, demonstrou que houve penetração dos referidos monómeros e posterior polimerização dos mesmos nos elementos anatómicos da madeira.

Portanto, os resultados obtidos no caso do *Pinus caribaea* var. *hondurensis*, indicaram um aumento significativo dos valores de todas as propriedades físicas e mecânicas da madeira impregnada com os monómeros estireno e metacrilato de metilo em comparação com os valores da madeira natural. Destaca-se o aumento da dureza normal e paralela às fibras para os dois tipos de impregnação, cujo aumento percentual médio foi de aproximadamente 300% e 400%, respetivamente, aspeto muito interessante para utilização em pavimentos, por exemplo. Observa-se que a adição de poliestireno e poli metacrilato de metilo foi também muito satisfatória para o pinheiro, alcançando uma percentagem média de 82% e 69%, respetivamente, em massa sobre a madeira.

Os resultados obtidos permitiram concluir que, à medida que se aumenta a pressão de impregnação, se verifica um aumento linear dos valores das propriedades mecânicas estudadas para o *Pinus caribaea* var. *hondurensis*. Para além disso, o compósito Pinus-metilmetacrilato revelou-se mais resistente à abrasão e à intempérie do que a madeira sem impregnação.

Conclui-se, a partir destes resultados e das condições experimentais a que as madeiras foram submetidas, que o Eucalyptus grandis não se comporta adequadamente para este tipo de impregnação, devido à sua baixa permeabilidade. *O Pinus caribaea* var. *hondurensis* apresenta facilidade de absorção dos monómeros estireno e metacrilato de metilo, demonstrando a eficiência do processo de impregnação da madeira para permitir a sua utilização em aplicações que requeiram materiais com propriedades mecânicas absolutas melhoradas.

A grande vantagem dos compósitos de *Pinus caribaea* var. *hondurensis* é o facto de permitirem a substituição de madeiras autóctones, para diferentes fins, que, devido à sua ampla utilização, estão a tornar-se menos disponíveis.

Recomendações para investigação futura

Sugere-se para o desenvolvimento de trabalhos futuros, verificar a influência das variáveis quantidades e proporção de monómero e iniciador, tempo de impregnação, tempo e temperatura de polimerização em estufa utilizada para a obtenção de CPs, nas suas propriedades físicas e mecânicas.

Anexo I

Informações de segurança e manuseamento dos produtos

Depois de polimerizados, os produtos não oferecem riscos à saúde. Entretanto, antes da polimerização é necessário que o operador tome cuidados especiais com a proteção pessoal durante o manuseio dos produtos, que foram veiculados por empresas que os doaram, conforme detalhado a seguir:

a) <u>Preparação da área</u>

Evitar fontes de ignição na área de manuseamento. Não comer, beber ou fumar durante o manuseamento do produto.

b) <u>Proteção dos olhos</u>

Utilizar óculos de segurança química e proteção facial para evitar o contacto com os olhos. Dispor de instalações para lavar os olhos em caso de contacto com os mesmos.

c) <u>Proteção da pele</u>

Utilizar luvas impermeáveis e vestuário de proteção para evitar o contacto com a pele. Os materiais de proteção sugeridos são: neopreno, borracha butílica e polietileno. Colocar chuveiros de segurança em todos os locais onde possa ocorrer contacto com a pele.

d) <u>Proteção respiratória</u>

Utilizar proteção respiratória, devidamente aprovada, se os limites de exposição excederem os valores estabelecidos nas normas de higiene. A ventilação e outras formas de controlo técnico são frequentemente os meios preferidos para controlar as exposições a produtos químicos. A proteção respiratória pode ser necessária em situações não rotineiras ou de emergência. Utilizar máscaras com filtro para gases orgânicos ou máscara de ar respirável.

Anexo II

Preços dos produtos

A tabela 33 mostra os preços dos produtos, informados pelas empresas que fizeram a doação. Registre-se que os preços cotados são cobrados para vendas superiores a 1.000 L.

Tabela 33 - Preços dos produtos em janeiro de 2005.

Nome do produto	Preço (US$/L)
Monómero de estireno	1,72
Monómero de metacrilato de metilo	1,88
Peróxido de benxoila	3,69

Anexo III

Preços dos produtos

Nos Quadros 34-117 apresentam-se os resumos dos resultados dos ensaios realizados para determinação das propriedades físicas e mecânicas da madeira não impregnada (si), impregnada com monómero de estireno (i-E) e impregnada com monómero de metacrilato de metilo (i-M), para cada espécie de madeira estudada - *Eucalyptus grandis* (EG) e *Pinus caribaea* var. *hondurensis* (PC).

111.1. Fase A - *Eucalyptus grandis*

111.1.1. Não impregnado, impregnado com estireno e metacrilato de metilo, até à pressão de impregnação de 0,66 MPa

111.1.1.1. Propriedades físicas e mecânicas

a) Densidade (ρ)

Tabela 34 - Massa dos CPs de EG - (si) e (i-E), no ensaio de densidade.

CP (ρ)	m /si (g)	m_i / (i-E) (g)	m_f / (i-E) (g)
A2g	28,6	29,1	28,2
B2g	27,8	28,6	27,4
C2g	26,8	27,3	26,1
D2g	28,2	29,3	27,8
E2g	26,5	27,4	26,0
F2g	29,8	30,5	29,2
G2g	29,7	30,3	28,9
H2g	28,3	29,0	27,6
I2g	28,0	29,1	27,5
J2g	25,9	26,5	25,6
K2g	28,5	29,5	28,2
L2g	28,3	29,2	28,0
M	**28,0**	**28,8**	**27,5**
DP	**1,2**	**1,2**	**1,1**

Tabela 35 - Massa dos CPs de EG - (si) e (i-M), no ensaio de densidade.

CP (ρ)	m /si (g)	m_i / (i-M) (g)	m_f / (i-M) (g)
A3g	27,7	28,9	27,8
B3g	28,1	29,4	28,1
C3g	26,5	27,5	26,4
D3g	26,9	28,5	27,1
E3g	25,5	26,4	25,5
F3g	29,5	31,6	29,8
G3g	28,7	29,8	28,7
H3g	26,5	27,8	26,5
I3g	27,2	28,9	27,4
J3g	25,5	26,3	25,4
K3g	27,2	28,7	27,4
L3g	27,1	28,5	27,2
M	**27,2**	**28,5**	**27,3**
DP	**1,2**	**1,5**	**1,3**

Tabela 36 - Densidade de CPs da EG - (si), (i-E) e (i-M).

CP	ρ /si (g/cm^3)	ρ / i-E (g/cm^3)	ρ / i-M (g/cm^3)
Ag	1,000	1,010	0,990
Bg	1,000	0,980	0,960
Cg	0,960	0,970	0,950
Dg	1,020	1,000	0,930
Eg	0,940	0,940	0,920
Fg	1,040	1,020	1,030
Gg	1,060	1,030	1,070
Hg	0,950	1,000	0,950
Ig	0,990	0,970	0,970
Jg	0,960	0,970	0,980
Kg	0,990	1,010	0,980
Lg	0,970	1,000	0,950
M	**0,990**	**0,992**	**0,973**
DP	**0,037**	**0,026**	**0,042**

a) <u>Retratibilidade radial total ($\varepsilon_{r,2}$), retratibilidade tangencial total ($\varepsilon_{r,3}$), dilatação radial total ($\varepsilon_{i,2}$), dilatação tangencial total (ε)$_{i,3}$</u>

Tabela 37 - Massa dos CPs de EG - (si) e (i-E), ensaio para determinação da retratibilidade total radial e tangencial e do inchamento total radial e tangencial.

CP $(\varepsilon_{r,2}\text{-}\varepsilon_{r,3}\text{-}\varepsilon_{i,2}\text{-}\varepsilon_{i,3})$	m /si (g)	m_i / (i-E) (g)	m_f / (i-E) (g)
A2h	28,9	29,7	28,4
B2h	28,0	28,9	27,6
C2h	27,5	28,1	26,9
D2h	26,5	27,8	26,1
E2h	26,1	26,3	25,8
F2h	30,3	30,8	29,9
G2h	30,0	30,7	29,3
H2h	27,6	28,6	27,0
I2h	28,1	28,8	27,8
J2h	26,1	26,3	25,6
K2h	28,1	28,8	27,8
L2h	27,0	27,7	26,7
M	**27,9**	**28,5**	**27,4**
DP	**1,4**	**1,4**	**1,3**

Tabela 38 - Massa dos CPs de EG - (si) e (i-M), ensaio de determinação da retratibilidade total radial e tangencial e do inchamento total radial e tangencial.

CP $(\varepsilon_{r,2}\text{-}\varepsilon_{r,3}\text{-}\varepsilon_{i,2}\text{-}\varepsilon_{i,3})$	m /si (g)	m_i / (i-M) (g)	m_f / (i-M) (g)
A3h	27,5	28,8	27,7
B3h	27,4	28,5	27,5
C3h	27,1	28,6	27,4
D3h	25,8	27,6	26,1
E3h	25,2	25,9	25,0
F3h	29,6	31,9	29,8
G3h	29,0	30,6	29,1
H3h	26,5	27,6	26,4
I3h	26,9	28,0	27,0
J3h	26,2	27,0	26,1
K3h	27,2	28,5	27,4
L3h	26,1	27,1	26,2
M	**27,0**	**28,3**	**27,1**
DP	**1,3**	**1,6**	**1,3**

Tabela 39 - Retratibilidade radial total dos CPs da EG - (si), (i-E) e (i-M).

CP	$\varepsilon_{r,2}$ /si (%)	$\varepsilon_{r,2}$ / i-E (%)	$\varepsilon_{r,2}$ / i-M (%)
Ah	5,4	7,5	7,4
Bh	5,6	5,8	6,2
Ch	7,0	6,8	5,4
Dh	5,0	5,2	5,6
Eh	11,5	10,6	10,4
Fh	6,0	5,3	5,5
Gh	7,1	5,4	5,8
Hh	7,8	6,6	6,8
Ih	5,5	5,5	5,1
Jh	8,4	7,6	7,4
Kh	5,2	4,9	4,6
Lh	10,6	9,7	9,8
M	**7,1**	**6,8**	**6,7**
DP	**2,1**	**1,8**	**1,8**

Tabela 40 - Retratibilidade tangencial total dos CPs da EG - (si), (i-E) e (i-M).

CP	$\varepsilon_{r,3}$ /si (%)	$\varepsilon_{r,3}$ / i-E (%)	$\varepsilon_{r,3}$ / i-M (%)
Ah	9,0	9,4	9,0
Bh	6,0	7,0	8,3
Ch	10,6	10,7	7,4
Dh	7,7	8,4	8,7
Eh	7,3	7,5	8,0
Fh	7,2	7,0	8,1
Gh	8,6	7,4	7,6
Hh	11,1	11,4	10,5
Ih	6,7	7,3	7,9
Jh	12,6	11,7	10,4
Kh	6,8	7,0	8,0
Lh	6,6	7,2	7,1
M	**8,3**	**8,5**	**8,4**
DP	**2,1**	**1,8**	**1,1**

Tabela 41 - Inchaço radial total dos CPs da EG - (si), (i-E) e (i-M).

CP	$\varepsilon_{i,2}$ /si (%)	$\varepsilon_{i,2}$ / i-E (%)	$\varepsilon_{i,2}$ / i-M (%)
Ah	5,7	8,1	8,0
Bh	6,0	6,1	6,6
Ch	7,6	7,3	5,7
Dh	5,2	5,5	5,9
Eh	12,9	11,9	11,6
Fh	6,4	5,6	5,8
Gh	7,6	5,7	6,2
Hh	8,4	7,1	7,3
Ih	5,8	5,9	5,4
Jh	9,2	8,3	8,0
Kh	5,5	5,1	4,9
Lh	11,9	10,8	10,9
M	**7,7**	**7,3**	**7,2**
DP	**2,5**	**2,2**	**2,1**

Tabela 42 - Inchaço tangencial total dos CPs de EG - (si), (i-E) e (i-M).

CP	$\varepsilon_{i,3}$ /si (%)	$\varepsilon_{i,3}$ / i-E (%)	$\varepsilon_{i,3}$ / i-M (%)
Ah	9,8	10,4	9,9
Bh	6,4	7,5	9,1
Ch	11,8	11,9	8,0
Dh	8,3	9,1	9,5
Eh	7,8	8,1	8,7
Fh	7,8	7,6	8,8
Gh	9,4	8,0	8,8
Hh	12,5	12,8	11,8
Ih	7,2	7,8	8,6
Jh	14,8	13,2	11,7
Kh	7,3	7,6	8,7
Lh	7,0	7,7	7,7
M	**9,2**	**9,3**	**9,3**
DP	**2,6**	**2,2**	**1,3**

<u>b) Resistência à compressão paralela às fibras (f_{c0}) e módulo de elasticidade longitudinal em compressão paralela às fibras (E_c 0)</u>

Tabela 43 - Massa dos CPs do EG - (si) e (i-E), no ensaio de compressão paralela às fibras.

CP (f_{c0}-E_{c0})	m /si (g)	m_i / (i-E) (g)	m_f / (i-E) (g)
A2c	370,6	373,6	365,0
B2c	368,3	372,8	361,2
C2c	383,6	387,5	377,8
D2c	366,1	368,9	360,0
E2c	342,6	347,0	336,8
F2c	364,9	369,3	360,0
G2c	357,9	361,7	352,4
H2c	368,1	372,5	359,2
I2c	389,6	394,8	382,5
J2c	362,9	372,2	362,1
K2c	339,7	348,1	335,3
L2c	340,9	343,8	331,6
M	**362,9**	**367,7**	**357,0**
DP	**15,8**	**15,5**	**15,8**

Tabela 44 - Massa dos CPs do EG - (si) e (i-M), no ensaio de compressão paralela às fibras.

CP (f_{c0}-E_{c0})	m /si (g)	m_i / (i-M) (g)	m_f / (i-M) (g)
A3c	356,4	366,6	351,8
B3c	356,2	364,7	352,0
C3c	367,6	377,4	363,5
D3c	348,3	356,0	344,2
E3c	330,3	337,2	325,8
F3c	345,8	355,6	342,8
G3c	334,7	348,0	329,8
H3c	345,4	355,6	339,0
I3c	363,5	373,0	356,9
J3c	347,0	360,3	343,5
K3c	320,4	335,0	319,6
L3c	340,3	351,9	340,8
M	**346,3**	**356,8**	**342,5**
DP	**13,7**	**12,9**	**12,8**

Tabela 45 - Resistência à compressão paralela às fibras dos CPs da EG - (si), (i-E) e (i-M).

CP	f_{c0} /si (MPa)	f_{c0} / i-E (MPa)	f_{c0} / i-M (MPa)
Ac	54,2	64,3	54,6
Bc	54,4	56,4	57,3
Cc	49,4	51,4	60,5
Dc	55,7	56,8	89,5
Ec	58,4	63,6	64,9
Fc	61,5	64,3	70,0
Gc	56,0	57,6	62,2
Hc	51,1	93,8	46,2
Ic	55,7	56,1	63,3
Jc	55,6	64,8	60,7
Kc	60,4	62,1	56,7
Lc	58,8	68,8	60,0
M	55,9	63,3	62,2
DP	3,5	10,8	10,4

Tabela 46 - Módulo de elasticidade longitudinal em compressão paralela às fibras dos CPs de EG - (si), (i-E) e (i-M).

CP	E_{c0} /si (MPa)	E_{c0} / i-E (MPa)	E_{c0} / i-M (MPa)
Ac	16585	17565	14105
Bc	16805	17184	18149
Cc	10966	17641	25640
Dc	20073	17773	25102
Ec	17751	22043	23612
Fc	21270	23485	17811
Gc	15891	14761	14369
Hc	14850	16804	18965
Ic	18081	20146	15869
Jc	16630	18349	14228
Kc	26461	19883	13673
Lc	33365	20979	21057
M	19061	18885	18548
DP	5865	2471	4399

d) Resistência à tração paralela às fibras (f_{t0}) e módulo de elasticidade longitudinal à tração paralela às fibras (E_{t0})

Tabela 47 - Massa dos CPs de EG - (si) e (i-E), no ensaio de tração paralela às fibras.

CP (f_{t0}-E_{t0})	m /si (g)	m_l / (i-E) (g)	m_f / (i-E) (g)
A2a	298,2	300,6	292,1
B2a	260,3	260,9	251,2
C2a	289,4	290,2	280,1
D2a	284,8	287,7	277,9
E2a	279,5	282,8	262,8
F2a	286,5	291,9	276,6
G2a	287,5	288,9	278,9
H2a	288,1	289,3	279,6
I2a	290,5	292,2	279,2
J2a	294,1	299,3	288,7
K2a	273,7	278,3	260,2
L2a	281,3	283,4	258,6
M	**284,5**	**287,1**	**273,8**
DP	**10,0**	**10,4**	**12,6**

Tabela 48 - Massa dos CPs do EG - (si) e (i-M), no ensaio de tração paralela às fibras.

CP (f_{t0}-E_{t0})	m /si (g)	m_i / (i-M) (g)	m_f / (i-M) (g)
A3a	296,9	301,4	281,0
B3a	293,4	296,4	270,1
C3a	299,0	303,4	277,6
D3a	308,1	312,2	289,2
E3a	293,1	299,8	277,3
F3a	245,7	250,6	232,2
G3a	286,2	291,1	275,0
H3a	291,0	294,2	270,5
I3a	304,3	308,8	285,1
J3a	301,5	307,9	285,7
K3a	305,8	311,2	287,1
L3a	267,1	272,6	252,4
M	**291,0**	**295,8**	**273,6**
DP	**18,0**	**17,9**	**16,4**

Tabela 49 - Resistência à tração paralela às fibras dos CPs da EG - (si), (i-E) e (i-M).

CP	f_{t0} /si (MPa)	f_{t0} / i-E (MPa)	f_{t0} / i-M (MPa)
Aa	57,8	77,9	39,0
Ba	83,0	63,6	33,0
Ca	86,1	44,8	68,8
Da	58,0	89,3	54,1
Ea	63,2	32,1	52,1
Fa	47,8	74,9	55,6
Ga	103,7	45,2	50,0
Ha	78,7	99,7	63,1
Ia	35,6	49,2	38,6
Ja	47,7	43,7	74,8
Ka	69,6	63,9	47,0
La	86,7	75,6	110,8
M	**68,2**	**63,3**	**57,2**
DP	**20,0**	**20,7**	**20,9**

Tabela 50 - Módulo de elasticidade longitudinal à tração paralela às fibras dos CPs de EG - (si), (i-E) e (i-M).

CP	E_{t0} /si (MPa)	E_{t0} / i-E (MPa)	E_{t0} / i-M (MPa)
Aa	10706	12086	14768
Ba	13848	19520	11876
Ca	12682	12010	17958
Da	12206	17719	13841
Ea	13254	19387	12375
Fa	10762	12739	10531
Ga	19183	14628	21497
Ha	18675	23124	19938
Ia	13608	10273	13212
Ja	15174	17395	17898
Ka	12670	14603	12512
La	15502	16598	17884
M	**14023**	**15840**	**15357**
DP	**2716**	**3791**	**3541**

e) <u>Resistência à tração normal das fibras (f_{t90})</u>

Tabela 51 - Massa dos CPs do EG - (si) e (i-E), no ensaio de tração normal às fibras.

CP (f_{t90})	m /si (g)	m_l / (i-E) (g)	m_f / (i-E) (g)
A2d	124,0	126,4	109,4
B2d	121,5	123,7	106,9
C2d	122,8	130,2	112,5
D2d	122,3	124,0	107,8
E2d	115,2	117,6	101,5
F2d	118,1	121,0	103,9
G2d	117,6	118,8	100,8
H2d	124,5	127,4	108,7
I2d	126,0	128,0	109,6
J2d	127,6	129,9	111,2
K2d	122,3	125,7	105,0
L2d	114,1	124,4	106,0
M	**121,3**	**124,8**	**106,9**
DP	**4,2**	**4,0**	**3,7**

Tabela 52 - Massa dos CPs do EG - (si) e (i-M), no ensaio de tração normal às fibras.

CP (f_{t90})	m /si (g)	m_l / (i-M) (g)	m_f / (i-M) (g)
A3d	237,4	247,3	237,0
B3d	237,6	244,3	234,2
C3d	242,3	255,8	242,5
D3d	229,3	235,0	226,7
E3d	217,6	223,3	216,0
F3d	227,6	238,5	228,6
G3d	224,8	232,4	221,1
H3d	233,2	243,6	231,7
I3d	227,5	236,8	224,1
J3d	230,2	242,7	230,1
K3d	238,1	244,3	234,6
L3d	220,8	247,3	224,0
M	**230,5**	**240,9**	**229,2**
DP	**7,5**	**8,4**	**7,4**

Tabela 53 - Resistência à tração normal às fibras dos CPs da EG - (si), (i-E) e (i-M).

CP	f_{t90} / si (MPa)	f_{t90} / i-E (MPa)	f_{t90} / i-M (MPa)
Ad	6,8	8,4	5,8
Bd	5,8	6,9	5,3
Cd	5,2	6,4	5,0
Dd	6,9	6,6	5,3
Ed	4,4	7,6	4,3
Fd	7,7	10,2	7,2
Gd	4,6	5,3	8,0
Hd	4,7	1,9	5,2
Id	4,9	6,7	6,3
Jd	6,5	5,4	4,7
Kd	6,8	5,6	7,6
Ld	4,7	6,1	6,1
M	5,8	6,4	5,9
DP	1,1	2,0	1,2

f) Resistência ao cisalhamento paralelo às fibras (f_v o)

Tabela 54 - Massa dos CPs do EG - (si) e (i-E), no ensaio de cisalhamento paralelo às fibras.

CP (f_{v0})	m /si (g)	m_i / (i-E) (g)	m_f / (i-E) (g)
A2e	133,4	136,0	129,3
B2e	136,4	138,9	133,2
C2e	133,6	138,4	131,2
D2e	136,3	138,8	132,4
E2e	119,5	122,0	117,7
F2e	128,1	132,5	125,7
G2e	123,2	125,0	119,3
H2e	136,7	138,6	130,6
I2e	132,7	134,2	127,7
J2e	137,1	139,7	131,3
K2e	144,8	148,7	142,6
L2e	118,7	120,7	116,6
M	131,7	134,5	128,1
DP	7,9	8,2	7,4

Tabela 55 - Massa dos CPs do EG - (si) e (i-M), no ensaio de cisalhamento paralelo às fibras.

CP (f_{v0})	m /si (g)	m_i / (i-M) (g)	m_f / (i-M) (g)
A3e	115,7	117,8	114,0
B3e	121,3	124,6	119,7
C3e	111,6	123,0	111,0
D3e	118,1	122,9	117,0
E3e	104,3	106,9	103,1
F3e	112,4	118,9	112,4
G3e	110,0	113,7	108,9
H3e	121,6	125,3	120,0
I3e	115,0	117,6	113,2
J3e	114,1	118,0	112,5
K3e	109,3	125,5	110,2
L3e	104,8	106,2	103,5
M	113,2	118,4	112,1
DP	5,6	6,6	5,4

Tabela 56 - Resistência ao cisalhamento paralelo às fibras dos CPs de EG - (si), (iE) e (i-M).

CP	f_{v0} /si (MPa)	f_{v0} / i-E (MPa)	f_{v0} / i-M (MPa)
Ae	19,7	18,0	18,1
Be	23,2	19,8	21,6
Ce	12,4	17,9	15,3
De	18,4	21,9	21,2
Ee	12,9	14,6	16,0
Fe	17,4	14,1	19,3
Ge	16,9	18,5	18,0
He	17,4	20,9	17,5
Ie	20,7	18,4	22,6
Je	19,4	20,8	20,0
Ke	20,4	23,1	18,2
Le	16,2	18,9	17,7
M	17,9	18,9	18,8
DP	3,1	2,7	2,2

g) Dureza paralela às fibras (f_{H0}) e dureza normal às fibras (f)$_{H90}$

Tabela 57 - Massa dos CPs de EG - (si) e (i-E), no ensaio de determinação da dureza paralela e normal às fibras.

CP (f_{H0}-f_{H90})	m /si (g)	m_i / (i-E) (g)	m_f / (i-E) (g)
A2b	360,2	365,1	352,4
B2b	370,1	374,5	363,7
C2b	376,6	381,5	369,0
D2b	367,6	371,3	359,5
E2b	339,9	344,5	333,8
F2b	380,4	383,3	373,5
G2b	350,6	353,8	341,8
H2b	350,0	360,5	352,3
I2b	354,4	362,7	352,3
J2b	358,0	362,3	348,5
K2b	342,1	346,2	333,8
L2b	344,7	348,3	339,0
M	357,9	362,8	351,6
DP	13,4	13,1	13,1

Tabela 58 - Massa dos CPs do EG - (si) e (i-M), no ensaio de determinação da dureza paralela e normal às fibras

CP (f_{H0}-f_{H90})	m /si (g)	m_i / (i-M) (g)	m_f / (i-M) (g)
A3b	351,3	360,4	350,4
B3b	359,0	367,1	357,7
C3b	358,8	370,1	358,1
D3b	337,3	348,8	338,6
E3b	326,0	334,7	326,0
F3b	355,0	363,3	354,6
G3b	338,0	346,4	335,6
H3b	344,0	359,6	345,4
I3b	337,1	357,0	345,1
J3b	336,3	343,8	330,4
K3b	310,1	317,2	308,1
L3b	328,1	335,4	326,3
M	340,1	350,3	339,7
DP	14,6	15,7	15,2

Tabela 59 - Dureza paralela às fibras dos CPs de EG - (si), (i-E) e (i-M).

CP	f_{H0} /si (MPa)	f_{H0} / i-E (MPa)	f_{H0} / i-M (MPa)
Ab	115,8	179,8	182,6
Bb	121,6	184,1	172,3
Cb	117,6	177,0	168,2
Db	125,3	191,3	189,2
Eb	96,3	160,4	148,0
Fb	147,9	199,3	203,2
Gb	124,0	159,0	183,0
Hb	137,8	198,2	192,1
Ib	142,2	215,2	187,8
Jb	138,0	199,4	180,4
Kb	111,5	181,1	169,5
Lb	134,0	209,6	206,0
M	**126,0**	**187,9**	**181,8**
DP	**14,7**	**17,7**	**16,0**

Tabela 60 - Dureza normal às fibras dos CPs de EG - (si), (i-E) e (i-M).

CP	f_{H90} /si (MPa)	f_{H90} / i-E (MPa)	f_{H90} / i-M (MPa)
Ab	90,5	128,4	115,9
Bb	100,8	144,1	125,4
Cb	93,3	140,1	113,4
Db	94,7	134,9	156,6
Eb	77,0	103,4	125,5
Fb	108,0	145,9	145,4
Gb	89,6	124,3	111,5
Hb	92,1	142,9	139,0
Ib	113,8	134,9	130,7
Jb	115,0	158,0	141,9
Kb	101,6	126,0	122,6
Lb	113,4	146,0	160,0
M	**99,2**	**135,7**	**132,3**
DP	**11,7**	**14,0**	**16,3**

h) <u>Tenacidade (W) e Resistência ao impacto à flexão $(f_b)_W$</u>

Table 61 - Massa dos CPs de EG - (si) e (i-E), no ensaio de impacto à flexão.

CP (W-f_{bw})	m /si (g)	m_i / (i-E) (g)	m_f / (i-E) (g)
A2f	115,2	116,3	107,6
B2f	112,0	113,8	103,9
C2f	115,2	116,2	109,3
D2f	110,9	111,3	105,3
E2f	98,1	100,3	93,2
F2f	115,2	116,1	110,9
G2f	113,6	114,1	105,7
H2f	115,8	117,0	108,7
I2f	114,1	114,6	107,8
J2f	111,7	113,0	105,6
K2f	104,6	106,0	98,9
L2f	112,7	113,6	108,0
M	111,6	112,7	105,4
DP	5,2	4,9	4,9

Table 62 - Massa dos CPs do EG - (si) e (i-M), no ensaio de impacto à flexão.

CP (W-f_{bw})	m /si (g)	m_i / (i-M) (g)	m_f / (i-M) (g)
A3f	117,7	113,1	107,2
B3f	109,3	110,6	104,4
C3f	108,7	110,5	103,5
D3f	107,1	108,6	103,4
E3f	102,2	103,5	99,7
F3f	116,1	118,1	112,0
G3f	113,1	114,7	109,6
H3f	103,4	105,2	99,9
I3f	111,2	112,6	107,2
J3f	106,9	109,5	103,7
K3f	100,8	103,0	98,4
L3f	114,2	116,0	110,5
M	109,2	110,5	105,0
DP	5,5	4,8	4,4

Tabela 63 - Tenacidade dos CPs da EG - (si), (i-E) e (i-M).

CP	W / si (J)	W / i-E (J)	W / i-M (J)
Af	44,6	29,6	54,2
Bf	29,1	19,6	41,2
Cf	37,8	18,4	20,6
Df	33,6	38,4	32,4
Ef	19,7	25,6	22,7
Ff	49,0	20,6	29,1
Gf	33,0	28,8	5,0
Hf	24,1	13,9	19,0
If	21,5	22,0	22,4
Jf	35,9	40,1	30,6
Kf	19,4	24,7	26,2
Lf	37,3	22,2	22,9
M	**32,1**	**25,3**	**27,2**
DP	**9,6**	**7,8**	**12,2**

Tabela 64 - Resistência ao impacto à flexão dos CPs da EG - (si), (i-E) e (i-M).

CP	f_{bw} / si (kJ/m²)	f_{bw} / i-E (kJ/m²)	f_{bw} / i-M (kJ/m²)
Af	116816	85781	135111
Bf	76612	54451	116195
Cf	99705	50602	56545
Df	88697	106874	88523
Ef	51540	74179	63524
Ff	125682	59607	78894
Gf	86078	83196	2157
Hf	64529	38066	53240
If	55941	59614	61678
Jf	92260	108818	84332
Kf	48820	50861	74397
Lf	98983	63915	58144
M	**83805**	**69664**	**72728**
DP	**25031**	**22488**	**33368**

III.1.1.2. Comparação de pares

Na Tabela 65 são apresentados os valores da média aritmética (x_m) e do desvio padrão (s_m) das populações PA, PB e PC, constituídas, respetivamente, pelas diferenças entre as propriedades da madeira de *Eucalyptus grandis* em três situações: (si) e (i-E), (si) e (i-M) e, finalmente, (i-E) e (iM). Esses valores foram utilizados para calcular o intervalo de confiança para a média das diferenças.

Tabela 65 - Valores de x_m e s_m das populações PA, PB e PC para EG.

Property	P_A / EG		P_B / EG		P_C / EG	
	$\overline{X}_m$	s_m	$\overline{X}_m$	s_m	$\overline{X}_m$	s_m
ρ (g/cm^3)	-0,002	0,024	0,017	0,028	0,018	0,030
$\varepsilon_{r,2}$ (%)	0,33	0,94	0,42	1,01	0,10	0,51
$\varepsilon_{r,3}$ (%)	-0,13	0,69	-0,07	1,61	0,06	1,27
$\varepsilon_{i,2}$ (%)	0,39	1,09	0,50	1,17	0,11	0,57
$\varepsilon_{i,3}$ (%)	-0,13	0,84	-0,04	1,94	0,09	1,53
f_{c0} (MPa)	-7,4	11,7	-6,2	9,9	1,2	18,4
E_{c0} (MPa)	176	5071	512	7608	336	4696
f_{t0} (MPa)	4,8	28,8	10,9	25,0	6,1	27,9
E_{t0} (MPa)	-1817	3416	-1335	2144	483	4666
f_{c90} (MPa)	-0,68	1,72	-0,15	1,46	0,53	2,18
f_{v0} (MPa)	-0,99	2,95	-0,88	1,85	0,12	2,94
f_{H0} (MPa)	-61,8	10,6	-55,8	8,6	6,0	12,9
f_{H90} (MPa)	-36,6	9,1	-33,2	14,6	3,4	15,7
W (J)	6,8	11,3	4,9	12,6	-1,9	12,9
f_{bw} (kJ/m^2)	14142	28452	11077	35945	-3065	36902

111.2. Fase A - *Pinus caribaea* var. *hondurensis*

111.2.1. Não impregnado, impregnado com estireno e metacrilato de metilo, a pressão de impregnação 0,66 MPa

111.2.1.1. Propriedades físicas e mecânicas

a) Densidade (ρ)

Tabela 66 - Massa dos CPs do PC - (si) e (i-E), no ensaio de densidade.

CP (ρ)	m /si (g)	m_i / (i-E) (g)	m_f / (i-E) (g)
A2g	12,6	29,7	29,1
B2g	13,9	29,7	27,4
C2g	11,7	29,0	27,1
D2g	12,5	28,9	27,6
E2g	11,4	28,1	26,8
F2g	11,9	29,6	28,0
G2g	20,6	29,4	28,9
H2g	13,1	27,6	25,0
I2g	22,0	30,6	28,6
J2g	17,4	28,6	26,5
K2g	15,5	26,1	23,9
L2g	15,7	28,1	26,5
M	**14,9**	**28,8**	**27,1**
DP	**3,5**	**1,2**	**1,5**

Tabela 67 - Massa dos CPs de PC - (si) e (i-M), no ensaio de densidade.

CP (ρ)	m /si (g)	m_i / (i-M) (g)	m_f / (i-M) (g)
A3g	13,4	28,0	21,2
B3g	14,2	27,1	26,0
C3g	12,1	23,4	22,1
D3g	13,3	23,5	21,2
E3g	11,7	25,4	24,3
F3g	15,1	23,8	22,0
G3g	19,2	29,2	27,5
H3g	14,1	27,7	26,8
I3g	19,2	29,3	28,1
J3g	16,4	28,8	25,8
K3g	14,7	26,4	24,8
L3g	15,6	28,1	25,0
M	**14,9**	**26,7**	**24,6**
DP	**2,4**	**2,2**	**2,4**

Tabela 68 - Densidade de CPs de PC - (si), (i-E) e (i-M).

CP	ρ /si (g/cm3)	ρ / i-E (g/cm3)	ρ / i-M (g/cm3)
Ag	0,460	1,020	0,960
Bg	0,490	0,960	0,950
Cg	0,430	0,980	0,900
Dg	0,460	1,020	0,890
Eg	0,400	0,980	0,740
Fg	0,450	1,010	0,980
Gg	0,740	0,800	1,030
Hg	0,470	0,890	0,865
Ig	0,740	1,010	1,020
Jg	0,640	0,980	0,830
Kg	0,550	0,830	0,890
Lg	0,540	0,910	0,730
M	**0,531**	**0,949**	**0,899**
DP	**0,116**	**0,075**	**0,098**

b) Retratibilidade radial total (ε_r ^), retratibilidade tangencial total ($\varepsilon_{r,3}$), dilatação radial total (ε_{i2}), dilatação tangencial total (ε_i 3)

Tabela 69 - Massa dos CPs do PC - (si) e (i-E), ensaio para determinação da retratibilidade total radial e tangencial e do inchamento total radial e tangencial.

CP ($\varepsilon_{r,2}$-$\varepsilon_{r,3}$-$\varepsilon_{i,2}$-$\varepsilon_{i,3}$)	m /si (g)	m_i / (i-E) (g)	m_f / (i-E) (g)
A2h	12,2	29,2	28,8
B2h	13,2	29,5	28,2
C2h	12,4	28,4	27,1
D2h	12,5	28,7	27,2
E2h	10,5	28,8	27,1
F2h	11,2	27,9	26,7
G2h	19,4	31,7	28,3
H2h	13,6	21,3	20,4
I2h	19,9	31,2	30,4
J2h	17,2	29,4	26,1
K2h	14,5	30,1	28,6
L2h	15,9	28,2	26,1
M	**14,4**	**28,7**	**27,1**
DP	**3,1**	**2,6**	**2,5**

Tabela 70 - Massa dos CPs de PC - (si) e (i-M), ensaio para determinação da retratibilidade total radial e tangencial e do inchamento total radial e tangencial.

CP ($\varepsilon_{r,2}$-$\varepsilon_{r,3}$-$\varepsilon_{i,2}$-$\varepsilon_{i,3}$)	m /si (g)	m_i / (i-M) (g)	m_f / (i-M) (g)
A3h	13,2	23,5	21,5
B3h	16,0	27,3	25,5
C3h	12,6	26,2	24,6
D3h	13,3	28,6	26,7
E3h	13,5	28,2	26,2
F3h	12,9	26,4	24,8
G3h	19,3	32,0	30,6
H3h	13,1	28,8	25,6
I3h	21,3	28,3	26,0
J3h	16,3	28,0	27,2
K3h	14,1	27,1	25,1
L3h	15,4	28,6	25,4
M	15,1	27,8	25,8
DP	2,8	2,0	2,1

Tabela 71 - Retratibilidade radial total dos CPs do PC - (si), (i-E) e (i-M).

CP	$\varepsilon_{r,2}$ /si (%)	$\varepsilon_{r,2}$ / i-E (%)	$\varepsilon_{r,2}$ / i-M (%)
Ah	3,5	3,2	2,6
Bh	5,0	3,9	3,9
Ch	6,0	5,6	4,2
Dh	5,3	4,8	4,5
Eh	3,7	2,8	2,7
Fh	3,9	3,1	2,2
Gh	4,7	3,6	3,5
Hh	3,7	3,0	3,4
Ih	3,6	2,9	3,6
Jh	4,8	4,2	4,0
Kh	3,8	2,6	3,0
Lh	3,4	3,3	3,4
M	4,3	3,6	3,4
DP	0,8	0,9	0,7

Tabela 72 - Retratibilidade tangencial total dos CPs do PC - (si), (i-E) e (i-M).

CP	$\varepsilon_{r,3}$ /si (%)	$\varepsilon_{r,3}$ / i-E (%)	$\varepsilon_{r,3}$ / i-M (%)
Ah	5,7	5,6	4,6
Bh	4,1	2,3	2,8
Ch	5,3	3,5	3,4
Dh	5,0	4,6	4,2
Eh	6,0	5,6	5,2
Fh	5,5	5,1	5,0
Gh	5,9	4,9	4,0
Hh	5,1	4,8	5,0
Ih	5,7	4,3	4,4
Jh	9,1	8,9	8,8
Kh	5,4	4,9	5,3
Lh	8,0	7,0	6,7
M	**5,9**	**5,1**	**5,0**
DP	**1,4**	**1,7**	**1,6**

Tabela 73 - Inchaço radial total dos CPs do PC - (si), (i-E) e (i-M).

CP	$\varepsilon_{i,2}$ /si (%)	$\varepsilon_{i,2}$ / i-E (%)	$\varepsilon_{i,2}$ / i-M (%)
Ah	3,7	2,9	2,7
Bh	5,2	4,5	4,2
Ch	6,4	5,9	5,7
Dh	5,6	5,1	4,8
Eh	3,9	2,9	2,8
Fh	3,8	3,2	2,2
Gh	4,9	3,7	3,6
Hh	4,0	3,1	3,6
Ih	3,7	3,1	3,2
Jh	5,0	4,1	4,2
Kh	3,7	2,6	3,1
Lh	3,5	3,1	2,5
M	**4,4**	**3,7**	**3,5**
DP	**0,9**	**1,0**	**1,0**

Tabela 74 - Inchaço tangencial total dos CPs do PC - (si), (i-E) e (i-M).

CP	$\varepsilon_{i,3}$ /si (%)	$\varepsilon_{i,3}$ / i-E (%)	$\varepsilon_{i,3}$ / i-M (%)
Ah	6,0	4,9	4,8
Bh	5,5	3,9	2,9
Ch	5,8	3,6	3,5
Dh	4,5	4,1	4,1
Eh	5,7	5,2	5,5
Fh	5,3	5,0	4,8
Gh	6,3	5,0	4,1
Hh	5,4	4,7	4,3
Ih	5,3	4,9	4,8
Jh	10,0	6,6	6,7
Kh	5,2	4,2	4,5
Lh	8,7	6,8	6,0
M	**6,1**	**4,9**	**4,7**
DP	**1,6**	**1,0**	**1,0**

c) Resistência à compressão paralela às fibras (f_c o) e módulo de elasticidade longitudinal em compressão paralela às fibras (E_{co})

Tabela 75 - Massa dos CPs de PC - (si) e (i-M), ensaio de compressão paralela às fibras.

CP (f_{c0}-E_{c0})	m /si (g)	m_i / (i-E) (g)	m_f / (i-E) (g)
A2c	153,3	346,7	338,8
B2c	208,2	374,0	350,0
C2c	141,9	364,9	314,3
D2c	157,9	361,0	315,3
E2c	155,8	373,2	327,5
F2c	168,5	375,6	337,4
G2c	238,7	340,4	320,0
H2c	154,4	324,2	300,4
I2c	255,0	335,2	317,5
J2c	205,5	367,1	339,0
K2c	191,7	397,4	354,0
L2c	202,5	293,4	274,7
M	**186,1**	**354,4**	**324,1**
DP	**36,6**	**28,0**	**22,2**

Tabela 76 - Massa dos CPs de PC - (si) e (i-M), ensaio de compressão paralela às fibras.

CP $(f_{c0}\text{-}E_{c0})$	m /si (g)	m_i / (i-M) (g)	m_f / (i-M) (g)
A3c	157,8	391,3	317,3
B3c	218,2	414,1	354,6
C3c	158,9	398,6	309,8
D3c	171,6	408,5	320,0
E3c	158,8	400,2	314,5
F3c	185,4	407,1	324,4
G3c	213,8	383,0	331,2
H3c	143,8	334,0	279,0
I3c	250,5	406,2	379,9
J3c	196,9	367,1	315,5
K3c	182,3	401,6	328,3
L3c	186,5	391,7	333,8
M	185,4	392,0	325,7
DP	30,7	22,3	24,6

Tabela 77 - Resistência à compressão paralela às fibras dos CPs de PC - (si), (i-E) e (i-M).

CP	f_{c0} /si (MPa)	f_{c0} / i-E (MPa)	f_{c0} / i-M (MPa)
Ac	39,5	70,4	91,6
Bc	47,5	97,3	97,8
Cc	32,6	67,3	58,4
Dc	34,1	80,0	87,8
Ec	28,1	83,1	87,1
Fc	36,6	77,7	63,7
Gc	50,2	94,6	85,3
Hc	35,4	68,4	58,4
Ic	60,7	105,3	119,8
Jc	56,5	103,8	102,6
Kc	39,2	100,6	90,1
Lc	43,0	74,2	98,9
M	42,0	85,2	86,8
DP	10,0	14,3	18,6

Tabela 78 - Módulo de elasticidade longitudinal à compressão paralela à fibra dos CPs de PC - (si), (i-E) e (i-M).

CP	E_{c0} /si (MPa)	E_{c0} / i-E (MPa)	E_{c0} / i-M (MPa)
Ac	10315	12568	13572
Bc	14902	19652	16603
Cc	11839	13380	14157
Dc	8095	19693	14174
Ec	6190	21397	10322
Fc	12488	36138	21728
Gc	7777	11672	10288
Hc	8605	21540	19469
Ic	16541	19932	23430
Jc	15135	19948	34915
Kc	6916	17115	9929
Lc	12542	15962	19404
M	**10945**	**19083**	**17333**
DP	**3479**	**6381**	**7153**

d) <u>Resistência à tração paralela às fibras (f_{t0}) e módulo de elasticidade longitudinal em tração paralela às fibras (E_{t0})</u>

Tabela 79 - Massa dos CPs do CP - (si) e (i-E), no ensaio de tração paralela às fibras.

CP (f_{t0}-E_{t0})	m /si (g)	m_i / (i-E) (g)	m_f / (i-E) (g)
A2a	126,8	302,1	291,0
B2a	169,9	329,7	319,9
C2a	138,3	323,8	313,5
D2a	146,3	318,4	298,9
E2a	133,4	320,5	307,2
F2a	132,1	304,6	291,3
G2a	213,1	351,8	340,1
H2a	135,4	328,4	315,2
I2a	226,1	349,8	333,8
J2a	229,7	361,3	342,5
K2a	165,5	337,7	312,1
L2a	184,6	332,8	311,2
M	**166,8**	**330,1**	**314,7**
DP	**38,2**	**18,1**	**17,2**

Tabela 80 - Massa dos CPs do CP - (si) e (i-M), no ensaio de tração paralela às fibras.

CP (f_{t0}-E_{t0})	m /si (g)	m_i / (i-M) (g)	m_f / (i-M) (g)
A3a	134,5	319,6	255,3
B3a	178,6	343,7	291,0
C3a	126,9	299,7	234,0
D3a	137,3	325,3	254,1
E3a	139,0	321,0	267,2
F3a	144,8	334,8	282,8
G3a	194,8	315,0	261,5
H3a	140,1	298,9	250,5
I3a	221,7	320,7	293,0
J3a	204,0	320,1	287,0
K3a	162,6	319,0	271,8
L3a	161,3	312,9	254,1
M	**162,1**	**319,2**	**266,9**
DP	**31,0**	**12,6**	**18,6**

Tabela 81 - Resistência à tração paralela aos CPs das fibras do CP - (si), (i-E) e (i-M).

CP	f_{t0} /si (MPa)	f_{t0} / i-E (MPa)	f_{t0} / i-M (MPa)
Aa	52,5	68,6	71,2
Ba	52,1	79,6	81,6
Ca	35,4	101,6	81,2
Da	32,4	70,0	72,5
Ea	45,6	59,2	75,0
Fa	40,9	73,8	59,7
Ga	51,3	73,9	88,4
Ha	40,8	62,7	61,4
Ia	61,5	109,7	110,9
Ja	72,0	146,4	119,9
Ka	34,7	67,8	56,8
La	66,8	91,0	100,8
M	**48,8**	**83,7**	**81,6**
DP	**12,9**	**25,0**	**20,2**

Tabela 82 - Módulo de elasticidade longitudinal em tração paralela às fibras dos CPs do CP - (si), (i-E) e (i-M).

CP	E_{t0} /si (MPa)	E_{t0} / i-E (MPa)	E_{t0} / i-M (MPa)
Aa	12275	15284	18727
Ba	10206	15281	13036
Ca	7736	15767	11892
Da	10372	12681	13243
Ea	8605	10119	10869
Fa	11081	13547	15634
Ga	10266	13015	12203
Ha	7424	11268	9709
Ia	15005	22559	23477
Ja	11189	22182	17658
Ka	7833	12198	9490
La	10609	16294	13228
M	**10217**	**15016**	**14097**
DP	**2159**	**3910**	**4117**

e) <u>Resistência à tração normal das fibras (f_{t90})</u>

Tabela 83 - Massa dos CPs do CP - (si) e (i-E), no ensaio de tração normal às fibras.

CP (f_{t90})	m /si (g)	m_i / (i-E) (g)	m_f / (i-E) (g)
A2d	115,3	257,5	258,1
B2d	63,7	118,6	113,6
C2d	53,1	120,8	113,3
D2d	48,2	121,1	111,1
E2d	50,1	118,7	115,2
F2d	55,5	122,1	117,5
G2d	72,5	119,1	113,1
H2d	57,8	99,0	101,6
I2d	74,1	99,2	110,7
J2d	64,5	109,4	99,4
K2d	63,7	124,7	114,3
L2d	61,2	118,4	109,2
M	**65,0**	**127,4**	**123,0**
DP	**17,8**	**42,0**	**42,7**

Tabela 84 - Massa dos CPs do CP - (si) e (i-M), no ensaio de tração normal às fibras.

CP (f_{t90})	m /si (g)	m_i / (i-M) (g)	m_f / (i-M) (g)
A3d	125,2	284,8	227,4
B3d	164,3	300,9	264,7
C3d	116,0	288,3	214,3
D3d	124,3	294,2	232,6
E3d	122,1	292,3	229,8
F3d	130,7	293,8	230,8
G3d	145,1	259,7	211,5
H3d	113,0	264,5	221,7
I3d	157,4	265,8	235,2
J3d	134,7	253,3	231,7
K3d	126,9	262,0	225,2
L3d	123,7	257,6	222,2
M	**132,0**	**276,4**	**228,9**
DP	**15,9**	**17,4**	**13,4**

Tabela 85 - Resistência à tração normal às fibras dos CPs do CP - (si), (i-E) e (i-M).

CP	f_{t90} / si (MPa)	f_{t90} / i-E (MPa)	f_{t90} / i-M (MPa)
Ad	2,9	3,6	4,9
Bd	2,6	4,9	3,4
Cd	2,7	4,7	3,4
Dd	3,1	4,3	4,3
Ed	2,8	4,3	3,5
Fd	2,7	3,7	4,5
Gd	3,1	6,4	6,3
Hd	2,1	3,2	3,0
Id	2,1	4,6	4,6
Jd	2,9	6,2	6,1
Kd	2,1	4,0	5,1
Ld	2,7	3,8	3,9
M	**2,7**	**4,5**	**4,4**
DP	**0,4**	**1,0**	**1,1**

f)   Resistência ao cisalhamento paralelo às fibras ($f_v \cap$)

Tabela 86 - Massa dos CPs do CP - (si) e (i-E), no ensaio de cisalhamento paralelo às fibras.

CP (f_{v0})	m /si (g)	m_l / (i-E) (g)	m_f / (i-E) (g)
A2e	70,9	102,4	99,0
B2e	78,0	142,4	137,0
C2e	59,3	146,0	132,1
D2e	57,6	148,2	128,1
E2e	62,3	152,3	132,3
F2e	69,8	153,4	141,7
G2e	94,5	144,3	136,3
H2e	66,3	112,6	108,6
I2e	76,3	135,9	130,4
J2e	75,3	126,3	121,2
K2e	71,2	102,0	97,6
L2e	72,5	139,4	133,7
M	**71,2**	**133,8**	**124,8**
DP	**9,8**	**18,6**	**15,0**

Tabela 87 - Massa dos CPs do CP - (si) e (i-M), no ensaio de cisalhamento paralelo às fibras.

CP (f_{v0})	m /si (g)	m_l / (i-M) (g)	m_f / (i-M) (g)
A3e	68,7	136,5	110,6
B3e	48,5	152,5	132,4
C3e	60,1	109,3	92,3
D3e	59,6	146,3	112,9
E3e	62,4	149,7	114,8
F3e	65,4	151,5	119,6
G3e	102,5	153,4	130,2
H3e	69,8	148,0	111,0
I3e	85,6	129,0	111,6
J3e	81,7	128,0	110,5
K3e	75,5	132,9	115,7
L3e	79,3	129,5	113,4
M	**71,6**	**138,9**	**114,6**
DP	**14,4**	**13,6**	**10,2**

Tabela 88 - Resistência ao cisalhamento paralelo às fibras dos CPs do PC - (si), (i-E) e (i-M).

CP	f_{v0} /si (MPa)	f_{v0} / i-E (MPa)	f_{v0} / i-M (MPa)
Ae	8,1	13,6	15,0
Be	9,1	13,9	14,7
Ce	9,1	12,4	13,2
De	7,5	11,3	15,5
Ee	9,5	10,5	13,1
Fe	9,6	20,0	19,5
Ge	12,8	30,6	25,4
He	11,8	14,6	16,2
Ie	11,6	18,9	13,6
Je	11,0	16,1	15,1
Ke	9,7	15,5	12,5
Le	11,1	22,5	21,7
M	**10,1**	**16,7**	**16,3**
DP	**1,6**	**5,7**	**3,9**

g) Dureza paralela às fibras (f_{H0}) e dureza normal às fibras (f_{H})90

Tabela 89 - Massa dos CPs de PC - (si) e (i-E), no ensaio de determinação da dureza paralela e normal às fibras.

CP (f_{H0}-f_{H90})	m /si (g)	m_i / (i-E) (g)	m_f / (i-E) (g)
A2b	160,0	352,1	325,0
B2b	211,7	393,1	372,8
C2b	154,8	366,4	312,0
D2b	169,8	380,8	332,7
E2b	156,7	383,1	325,0
F2b	163,0	385,7	323,6
G2b	249,1	400,0	373,5
H2b	173,2	265,0	252,0
I2b	250,5	358,6	342,1
J2b	200,5	320,6	304,3
K2b	188,4	362,5	331,1
L2b	194,8	305,9	290,5
M	**189,4**	**356,2**	**323,7**
DP	**33,6**	**40,2**	**33,2**

Tabela 90 - Massa dos CPs de PC - (si) e (i-M), no ensaio de determinação da dureza paralela e normal às fibras.

CP (f_{H0}-f_{H90})	m /si (g)	m_i / (i-M) (g)	m_f / (i-M) (g)
A3b	170,6	400,1	314,5
B3b	223,9	415,1	351,4
C3b	155,4	394,2	308,0
D3b	167,4	410,4	319,3
E3b	166,3	405,6	321,2
F3b	172,8	409,5	320,0
G3b	239,7	421,6	379,5
H3b	155,9	402,3	297,7
I3b	242,1	413,3	363,4
J3b	212,5	389,2	323,1
K3b	181,8	403,0	318,8
L3b	189,0	397,8	319,2
M	**189,8**	**405,2**	**328,0**
DP	**31,6**	**9,3**	**24,0**

Tabela 91 - Dureza paralela às fibras dos CPs de PC - (si), (i-E) e (i-M).

CP	f_{H0} /si (MPa)	f_{H0} / i-E (MPa)	f_{H0} / i-M (MPa)
Ab	42,2	174,0	155,3
Bb	57,3	212,9	208,3
Cb	41,6	156,3	159,7
Db	44,0	173,5	195,0
Eb	32,0	155,1	177,4
Fb	38,0	153,4	175,9
Gb	60,7	239,7	227,4
Hb	45,5	190,5	154,8
Ib	64,2	256,4	231,3
Jb	42,2	157,3	186,2
Kb	51,6	229,8	186,7
Lb	45,5	160,1	192,6
M	**47,1**	**188,2**	**187,5**
DP	**9,6**	**37,1**	**25,5**

Tabela 92 - Dureza normal às fibras dos CPs do PC - (si), (i-E) e (i-M).

CP	f_{H90} /si (MPa)	f_{H90} / i-E (MPa)	f_{H90} / i-M (MPa)
Ab	21,2	99,2	113,9
Bb	33,0	187,4	167,8
Cb	16,6	87,5	110,0
Db	18,6	120,1	122,3
Eb	18,3	107,2	105,8
Fb	18,4	101,1	118,6
Gb	36,7	190,3	241,1
Hb	22,9	123,2	113,8
Ib	36,0	180,0	216,3
Jb	27,7	131,3	132,1
Kb	26,7	150,3	131,8
Lb	27,7	120,3	148,2
M	25,3	133,2	143,5
DP	7,1	35,8	43,8

h) Tenacidade (W) e Resistência ao impacto em flexão (fbw)

Table 93 - Massa dos CPs do PC - (si) e (i-E), no teste de impacto em flexão.

CP (W-f_{bw})	m /si (g)	m_i / (i-E) (g)	m_f / (i-E) (g)
A2f	77,8	117,7	115,3
B2f	66,5	125,5	123,0
C2f	50,7	120,2	116,1
D2f	52,0	119,0	117,2
E2f	45,4	111,1	108,8
F2f	44,9	113,8	111,8
G2f	78,4	129,7	123,3
H2f	49,0	107,0	105,2
I2f	68,9	124,4	118,4
J2f	79,2	112,8	107,4
K2f	60,0	111,3	114,1
L2f	66,1	122,5	124,6
M	61,6	117,9	115,4
DP	13,0	6,9	6,4

Table 94 - Massa dos CPs do PC - (si) e (i-M), não no teste de impacto em flexão.

CP (W-f$_{bw}$)	m /si (g)	m$_i$ / (i-M) (g)	m$_f$ / (i-M) (g)
A3f	56,1	115,2	96,3
B3f	64,1	103,4	89,9
C3f	55,7	128,8	110,1
D3f	50,9	114,3	85,9
E3f	51,3	116,7	92,4
F3f	46,9	116,0	94,7
G3f	71,3	95,4	89,8
H3f	47,1	110,0	97,3
I3f	61,7	105,6	97,6
J3f	59,6	99,5	91,0
K3f	58,4	123,5	103,3
L3f	65,1	125,9	112,6
M	**57,4**	**112,9**	**96,7**
DP	**7,5**	**10,5**	**8,2**

Tabela 95 - Tenacidade dos CPs e PCs - (si), (i-E) e (i-M).

CP	W / si (J)	W / i-E (J)	W / i-M (J)
Af	8,1	13,2	23,3
Bf	11,4	19,2	35,1
Cf	9,9	17,0	21,2
Df	3,8	12,5	17,8
Ef	8,7	12,6	24,5
Ff	4,4	13,4	16,5
Gf	12,6	21,8	30,5
Hf	10,0	16,6	15,3
If	31,8	52,6	32,8
Jf	16,8	34,7	21,2
Kf	18,1	29,6	28,9
Lf	16,6	33,7	37,6
M	**12,7**	**23,1**	**25,4**
DP	**7,6**	**12,3**	**7,5**

Tabela 96 - Resistência ao impacto em flexão dos CPs do CP - (si), (i-E) e (i-M).

CP	f_{bw} / si (kJ/m²)	f_{bw} / i-E (kJ/m²)	f_{bw} / i-M (kJ/m²)
Af	20747	35360	59560
Bf	28158	49200	97449
Cf	25680	44451	50286
Df	9814	33343	48661
Ef	23554	34123	62609
Ff	11493	36492	41812
Gf	32364	58397	75466
Hf	24707	41492	33863
If	84720	141231	86427
Jf	44158	89857	55194
Kf	46311	77742	76737
Lf	42558	88602	97012
M	**32855**	**60857**	**65423**
DP	**20121**	**32832**	**21115**

111.2.1.2. Comparação de pares

Na Tabela 97 apresentam-se os valores da média aritmética (x_m) e do desvio padrão (s_m) das populações PA, PB e PC, constituídas, respetivamente, pelas diferenças entre as propriedades do *Pinus caribaea* var. *hondurensis* em três situações: (si) e (i-E), (si) e (i-M) e, finalmente, (i-E) e (i-M). Estes valores foram utilizados para calcular o intervalo de confiança para a média das diferenças.

Tabela 97 - Valores de x_m e s_m das populações PA, PB e PC para PC.

Property	P_A / PC		P_B / PC		P_C / PC	
	$\overline{X}_m$	s_m	$\overline{X}_m$	s_m	$\overline{X}_m$	s_m
ρ (g/cm^3)	-0,42	0,16	-0,37	0,12	0,05	0,12
$\varepsilon_{r,2}$ (%)	0,68	0,36	0,85	0,59	0,17	0,58
$\varepsilon_{r,3}$ (%)	0,79	0,62	0,95	0,64	0,16	0,47
$\varepsilon_{i,2}$ (%)	0,77	0,25	0,91	0,32	0,14	0,4
$\varepsilon_{i,3}$ (%)	1,25	0,93	1,47	1,08	0,23	0,44
f_{c0} (MPa)	-43,3	9,6	-44,8	13,4	-1,6	13,1
E_{c0} (MPa)	-8138	6697	-6387	5116	1750	7633
f_{t0} (MPa)	-34,9	19,2	-32,8	11,4	2,1	13,4
E_{t0} (MPa)	-4800	2832	-3880	2185	919	2489
f_{t90} (MPa)	-1,83	0,88	-1,77	0,99	0,06	0,86
f_{v0} (MPa)	-6,59	4,62	-6,21	3,39	0,38	2,95
f_{H0} (MPa)	-141,2	28,5	-140,5	19,0	0,7	26,4
f_{H90} (MPa)	-107,8	29,3	-118,2	37,4	-10,3	21,9
W (J)	-10,4	5,39	-12,71	6,75	-2,31	10,25
f_{bw} (kJ/m^2)	-28002	14266	-32568	19297	-4566	27631

111.3. Fase B - *Pinus caribaea* var. *hondurensis*

111.3.1. Não impregnado e impregnado com metacrilato de metilo

111.3.1.1. Propriedades mecânicas à pressão de impregnação 0,66 MPa

a) Módulo de resistência à flexão estática (f_M) e módulo de elasticidade longitudinal em flexão estática (f)$_{M0}$

Tabela 98 - Massa dos CPs do CP - (si) e (i-M), no ensaio de flexão estática.

CP (f_M-E_{M0})	m /si (g)	m_i / (i-M) (g)	m_f / (i-M) (g)
M3i	74,6	137,4	120,4
N3i	80,6	145,1	129,4
O3i	71,5	134,0	122,0
P3i	70,2	135,5	121,7
Q3i	70,4	141,2	126,6
R3i	79,4	144,1	127,7
M	74,5	139,6	124,6
DP	4,6	4,6	3,7

Tabela 99 - Módulo de resistência à flexão estática dos CPs de PC - (si) e (i-M).

CP	f_M /si (Mpa)	f_M / i-M (MPa)
Mi	81,8	137,5
Ni	65,5	104,8
Oi	88,7	106,9
Pi	90,0	115,3
Qi	73,9	108,4
Ri	78,6	148,2
M	**79,8**	**120,2**
DP	**9,3**	**18,2**

Table 100- Módulo de elasticidade longitudinal em flexão estática de CPs de PC - (si) e (i-M).

CP	E_{M0} /si (MPa)	E_{M0} / i-M (MPa)
Mi	7329	10251
Ni	6755	10206
Oi	9030	11239
Pi	9285	10974
Qi	7789	11923
Ri	6695	11676
M	**7814**	**11045**
DP	**1118**	**714**

<u>Comparação de pares</u>

No Quadro 101 apresentam-se os valores da média aritmética (x_m) e do desvio padrão (s_m) da população PB, constituída pela diferença entre as propriedades da madeira de *Pinus caribaea* var. *hondurensis* (si) e (i-M), que foram utilizados para calcular o intervalo de confiança da média das diferenças.

Table 101- Valores de x_m e s_m da população PB para PC.

Properties	P_B / PC	
	$\overline{x}_m$	s_m
f_M (MPa)	-40,4	19,2
E_{M0} (Mpa)	-3231	1220

<u>b)</u> <u>Taxa de desgaste (abrasão)</u>

Tabela 102 - Massa dos CPs do PC - (si) antes e após o ensaio de desgaste mecânico de 3000 ciclos.

CP	m_i / (si) (g)	m_f / (si) (g)
Specimen 1	39,6	38,2
Specimen 2	43,7	42,5
Specimen 3	37,5	36,2
M	**40,3**	**39,0**
DP	**3,2**	**3,2**

Tabela 103 - Massa dos CPs do PC - (i-M) antes e após o ensaio de desgaste mecânico de 3000 ciclos.

CP	m_i / (i-M) (g)	m_f / (i-M) (g)
Specimen 1	92,7	91,0
Specimen 2	80,1	78,3
Specimen 3	83,1	81,2
M	**85,3**	**83,5**
DP	**6,5**	**6,6**

111.3.1.2. Influência da meteorização artificial nas propriedades mecânicas

Tabela 104 - Resistência à compressão paralela às fibras dos CPs de PC - (si) e (si - Env).

CP	f_{c0} /si (MPa)	f_{c0} / si - Env (MPa)
G1	50,2	39,9
H1	35,4	30,4
I1	60,7	51,6
J1	56,5	48,6
K1	39,2	35,1
L1	43,0	34,0
M	**47,5**	**39,9**
DP	**10,0**	**8,5**

Tabela 105 - Módulo de elasticidade longitudinal em compressão paralela às fibras dos CPs de PC - (si) e (si - Env).

CP	E_{c0} /si (MPa)	E_{c0} / si - Env (MPa)
G1	7777	6993
H1	8605	7192
I1	16541	14472
J1	15135	13277
K1	6916	6188
L1	12542	11091
M	**11253**	**9869**
DP	**4065**	**3557**

Tabela 106 - Dureza normal aos CPs das fibras do PC - (si) e (si - Env).

CP	f_{H90} /si (MPa)	f_{H90} / si - Env (MPa)
G3b	36,7	33,5
H3b	22,9	21,6
I3b	36,0	34,2
J3b	27,7	25,1
K3b	26,7	25,5
L3b	27,7	25,9
M	**29,6**	**27,6**
DP	**5,5**	**5,1**

Tabela 107 - Resistência à compressão paralela às fibras dos CPs de PC - (i-M) e (i-M - Env).

CP	f_{c0} /i-M (MPa)	f_{c0} / i-M - Env (MPa)
B3	97,8	90,6
D3	87,8	81,4
E3	87,1	80,9
F3	63,7	57,5
K3	90,1	82,6
L3	98,9	89,6
M	**87,6**	**80,4**
DP	**12,7**	**12,0**

Tabela 108 - Módulo de elasticidade longitudinal em compressão paralela às fibras dos CPs de PC - (i-M) e (i-M - Env).

CP	E_{c0} /i-M (Mpa)	E_{c0} / i-M - Env (MPa)
B3	16603	15740
D3	14174	13514
E3	10322	9871
F3	21728	19987
K3	9929	9246
L3	19404	18098
M	**15360**	**14409**
DP	**4790**	**4348**

Tabela 109 - Dureza normal às fibras dos CPs de PC - (i-M) e (i-M - Env).

CP	f_{H90} /i-M (Mpa)	f_{H90} / i-M - Env (MPa)
B3b	167,8	163,9
D3b	122,3	119,9
E3b	105,8	102,8
F3b	118,6	114,9
K3b	131,8	128,1
L3b	148,2	142,9
M	**132,4**	**128,8**
DP	**22,4**	**21,8**

111.3.1.3. Influência da pressão de impregnação nas propriedades mecânicas

Tabela 110 - Massa dos CPs do CP - (si) e (i-M), no ensaio de compressão paralela às fibras, para P = 0,22 MPa.

CP (f_{c0}-E_{c0})	m /si (g)	m_i / (i-M) (g) – P=0,22 MPa	m_f / (i-M) (g) – P=0,22 MPa
M2c	113,4	159,0	145,0
N2c	116,9	164,6	150,5
O2c	121,8	170,4	152,3
P2c	111,0	157,7	143,2
Q2c	111,2	148,6	141,3
R2c	118,0	165,4	143,1
M	**115,4**	**161,0**	**145,9**
DP	**4,3**	**7,6**	**4,5**

Tabela 111 - Massa dos CPs do CP - (si) e (i-M), no ensaio de compressão paralela às fibras, para P = 0,44 MPa.

CP (f_{c0}-E_{c0})	m /si (g)	m_i / (i-M) (g) – P=0,44 MPa	m_f / (i-M) (g) – P=0,44 MPa
M3c	113,6	207,5	187,5
N3c	118,0	202,5	181,5
O3c	117,4	198,3	168,3
P3c	110,9	213,5	163,5
Q3c	114,8	201,4	171,4
R3c	114,9	196,7	176,7
M	114,9	203,3	174,8
DP	2,6	6,2	8,8

Tabela 112 - Resistência à compressão paralela às fibras dos CPs de PC - (si) e (i-M), para P = 0,22 MPa e 0,44 MPa.

CP	f_{c0} /si (MPa)	f_{c0} / i-M (MPa) – P=0,22 MPa	f_{c0} / i-M (MPa) – P=0,44 MPa
Mc	43,1	59,8	68,0
Nc	42,3	61,4	75,3
Oc	39,9	57,6	71,8
Pc	50,9	62,0	73,3
Qc	43,7	59,5	76,9
Rc	49,5	62,3	77,5
M	44,9	60,4	73,8
DP	4,3	1,8	3,6

Tabela 113 - Módulo de elasticidade longitudinal em compressão paralela às fibras dos CPs de PC - (si) e (i-M), para P = 0,22 MPa e 0,44 MPa.

CP	E_{c0} /si (MPa)	E_{c0} / i-M (MPa) – P=0,22 MPa	E_{c0} / i-M (MPa) – P=0,44 MPa
Mc	10367	12833	14975
Nc	9362	13548	16753
Oc	9403	12562	14110
Pc	11741	12885	14376
Qc	8980	12107	14732
Rc	10194	12224	14119
M	10008	12693	14844
DP	1001	523	996

Tabela 114 - Massa dos CPs de PC - (si) e (i-M), no ensaio de determinação da dureza paralela e normal às fibras, para P = 0,22 MPa.

CP (f_{H0}-f_{H90})	m /si (g)	m_i / (i-M) (g) – P=0,22 MPa	m_f / (i-M) (g) – P=0,22 MPa
M2b	113,4	157,0	145,0
N2b	113,4	160,3	141,5
O2b	116,9	163,5	148,3
P2b	117,5	160,8	143,2
Q2b	121,8	169,3	151,3
R2b	113,5	158,4	143,1
M	116,1	161,6	145,4
DP	3,4	4,4	3,7

Tabela 115 - Massa dos CPs de PC - (si) e (i-M), no ensaio de determinação da dureza paralela e normal às fibras, para P = 0,44 MPa.

CP (f_{H0}-f_{H90})	m /si (g)	m_i / (i-M) (g) – P=0,44 MPa	m_f / (i-M) (g) – P=0,44 MPa
M3b	113,6	210,5	177,5
N3b	115,9	213,0	173,0
O3b	118,0	200,5	181,5
P3b	121,1	198,4	179,4
Q3b	117,4	218,3	168,3
R3b	111,3	206,1	168,1
M	116,2	207,8	174,6
DP	3,5	7,6	5,7

Tabela 116 - Dureza paralela às fibras dos CPs de PC - (si) e (i-M), para P =0,22 MPa e 0,44 MPa.

CP	f_{H0} /si (MPa)	f_{H0} / i-M (MPa) – P=0,22 MPa	f_{H0} / i-M (MPa) – P=0,44 MPa
Mb	63,8	103,1	163,4
Nb	59,4	101,6	134,3
Ob	54,6	114,0	151,8
Pb	56,3	112,2	139,4
Qb	69,2	104,7	155,4
Rb	61,5	103,9	151,7
M	60,8	106,6	149,3
DP	5,3	5,2	10,7

Tabela 117 - Dureza normal às fibras dos CPs de PC - (si) e (i-M), para P =0,22 MPa e 0,44 MPa.

CP	f_{H90} /si (MPa)	f_{H90} / i-M (MPa) – P=0,22 MPa	f_{H90} / i-M (MPa) – P=0,44 MPa
Mb	36,1	80,3	111,1
Nb	37,4	75,7	129,0
Ob	35,6	73,1	108,5
Pb	36,0	76,3	105,8
Qb	37,8	73,5	115,1
Rb	39,0	76,7	104,8
M	**37,0**	**75,9**	**112,4**
DP	**1,3**	**2,6**	**8,9**

Referências bibliográficas

SOCIEDADE AMERICANA DE ENSAIOS E MATERIAIS. ASTM - D 143-52: *Standard methods of testing small clear specimens of timber*, Part 22, p.59-116, Philadelphia, PA., 1981.

SOCIEDADE AMERICANA DE ENSAIOS E MATERIAIS. ASTM - G 26: *Prática normalizada para o funcionamento de aparelhos de exposição à luz (tipo arco de xénon) com e sem água para exposição de materiais não metálicos*. p.1-10, Filadélfia, PA, 1985.

ASKELAND, D.R. *A ciência e a engenharia dos materiais*. 3.ed. Boston, PWS Publishing Company, 1994. 812p.

ASSOCIAÇAO BRASILEIRA DE NORMAS TECNICAS. NBR 7190 - *Projeto de estruturas de madeira*. Anexo B, p.47-67, Rio de Janeiro, 1997.

AVILOV, A.; DERUYGA, V.; POPOV, G.; RUDYCHEV, V.; ZALYUBOVSKY, I. Processo de produção de madeira modificada com polímeros que não gera resíduos e economiza recursos. In: 1999 PARTICLE ACCELERATOR CONFERENCE, New York City, 1999. *Anais*. v.4, p.2549-2551, 1999.

BLASS, A. *Processamento de polímeros*. Florianópolis, Editora da Universidade Federal de Santa Catarina, 1985. 254p.

BODIG, J.; JAYNE, B.A. *Mechanics of wood and wood composites*. Nova Iorque, Van Nostrand Reinhold, 1992. 712p.

BURGER, L.M.; RICHTER, H.G. *Anatomia da madeira*. São Paulo, Nobel, 1991. 154p.

BRITO, J.O.; BARRICHELO, L.E.G. *Quimica de madeira*. 3.ed. Piracicaba, Calq, 1985. 126p.

BROWNING, B.L. *The chemistry of wood (A química da madeira)*. Nova Iorque, Interscience Publishers, 1963. 689p.

CALIL JR, C.; ROCCO LAHR, F.A.; DIAS, A.A. *Dimensionamento de elementos estruturais de madeira*. 1.ed. Barueri/SP, Manole, 2003. 152p.

CALLISTER JR, W.D. *Ciência e engenharia dos materiais: uma introdução*. 3.ed. Nova Iorque, John Wiley, 1994. 811p.

CAVALCANTE, M. S. Histórico da preservação de madeiras. In: LEPAGE, E.S. (Coord.), *Manual de preservaçâo de madeiras*. v.1. Sao Paulo, IPT, 1986. p.9-39.

CHAWLA, K.K. *Materiais compósitos: ciência e engenharia*. 2.ed. Nova Iorque, Springer Verlag, 1998. 483p.

Ciesla, W.M. Forest Health Management International. - Pàgina da internet: www.forestryimages.org (6 jul.), 2005.

D'ALMEIDA, M.L.O. Composição química dos materiais lignocelulósicos. In: D'ALMEIDA, M.L.O. (Coord.), *Celulose e papel*. v. 1. Tecnologia de fabricação da massa celulósica. 2.ed. São Paulo, SENAI, IPT, 1988. p.45-106.

DIAS, F.M.; ROCCO LAHR, F.A. Estimativa de propriedades de resistência e rigidez da madeira através da densidade aparente. *Scientia Forestalis*, n.65, p.102-113, jun., 2004.

DEVI, R.R.; ALI, I.; MAJI, T.K. Modificação química da madeira de seringueira com estireno em combinação com um reticulador: efeito na estabilidade dimensional e na propriedade de resistência. *Bioresource Technology*, v.88, n.3, p.185-188, julho, 2003.

ELIAS, H.G. *Uma introdução aos plásticos*. 1.ed. Weinheim; Nova Iorque, VCH, 1993. 349p.

ERICKSON, H.D.; BALATINECZ, J.J. Caminhos de fluxo de líquido em madeira usando técnicas de polimerização - Douglas-Fir e estireno. *Forest Products Journal*, p.293-299, julho, 1964.

ESAU, K. *Anatomia das plantas com sementes*. Trad. de Berta Lange de Morretes. São Paulo, Edgard Blücher, 1974. 293p.

FENGEL, D.; WEGENER, G. *Wood: chemistry, ultrastructure, reactions*. Nova Iorque, Walter de Gruyter, 1989. 613p.

FERREIRA, O.P. (Coord.). *Madeira: uso sustentâvel na construçâo civil*. São Paulo, IPT, SVMA, SindusCon, SP. Publicaçao IPT, 2003. 59p.

GALVAO, A.P.M.; Jankowsky, I.P. *Secagem racional da madeira*. São Paulo, Nobel, 1985. 111p.

GOMES, O.F. *Estudo das ligaçdes cavilhadas impregnadas com résinas estirênicas empregadas em estruturas de madeiras*. São Carlos, 1996. 241p. Tese (Doutorado) - Escola de Engenharia de São Carlos, Universidade de São Paulo.

HELLMEISTER, J.C. Madeiras e suas caraterísticas. In: Encontro Brasileiro em Madeiras e em Estruturas de Madeira, 1., São Carlos, 1983. *Anais*. São Paulo, USP-EESC. v.1, p.1-32, 1983.

HILL, C.A.S.; CETIN, N.S.; QUINNEY, R.F.; DERBYSHIRE, H.; EWEN, R.J. Uma investigação do potencial de modificação química e subsequente enxerto polimérico como meio de proteção da madeira contra a fotodegradação. *Polymer Degradation and Stability*, v.72, p.133-139, 2001.

HORATH, L. *Fundamentals of materials science for technologists: properties, testing, and laboratory exercises*. Englewood Cliffs, N.J.. Prentice Hall, 1995. 550p.

Instituto de Pesquisas e Estudos Florestais - IPEF. Pàgina da Internet - endereço: http://www.ipef.br/estatisticas (28 abr.), 2005.

Instituto de QUÌMICA DE SÃO CARLOS - IQSC. Pàgina da Internet - endereço: http://www.iqsc.usp.br/iqsc/instituto/infra/caqi/l5.php (6 jul.), 2005.

Jankowsky, I.P. Fundamentos de secagem de madeiras. *Documentos Florestais*, Cap.10, p.1-13, jun., 1990.

KENAGA, D.L.; FENNESSEY, J.P.; STANNETT, V.T. Radiation grafiting of vinyl monomers to wood. *Forest Products Journal*, p.161-168, Abr., 1962.

KOLLMANN, F.F.P.; CÔTÉ JR, W.A. *Principles of wood science and technology*. v.1. Solid wood. Berlim; Heidelberg, Springer Verlag, 1968. 592p.

LANGWIG, J.E.; MEYER, J.A; DAVIDSON, R.W. Influência da impregnação de polímeros nas propriedades mecânicas do basswood. *Forest Products Journal*, v.18, n.7, p.33-36, julho, 1968.

LEPAGE, E.S. Compostos madeira-plástico: estudo de algumas propriedades mecânicas de madeira *Pinus elliottii* impregnada com monômero metacrilato de metila. *Pesquisa & Desenvolvimento*, Instituto de Pesquisas Tecnológicas de Estado de São Paulo (IPT), v.10, 1982.

LEPAGE, E.S. Quimica da madeira. In: LEPAGE, E.S. (Coord.), *Manual de preservaçâo de madeiras.* v.1. Sao Paulo, IPT, 1986. p.69-97.

MANO, E.B. *Polimeros como materiais de engenharia.* São Paulo, Editora Edgard Blücher Ltda, 1991. 197p.

MANO, E.B.; MENDES, L.C. *Introduçâo a polimeros.* 2.ed. São Paulo, Editora Edgard Blücher Ltda, 1999. 191p.

MANRICH, S. *O emprego de madeiras brasileiras na obtençâo de compósitos polimero-madeira.* São Carlos, 1984. 184p. Dissertaçao (Mestrado) - Centro de Ciências e Tecnologia, Universidade Federal de São Carlos.

MEYER, J.A. Treatment of wood-polymer systems using catalyst-heat techniques (Tratamento de sistemas madeira-polímero usando técnicas de catalisador-calor). *Forest Products Journal*, v.15, n.9, p.362-364, set., 1965.

MEYER, J.A. Wood-polymer materials: state of the art. *Wood Science*, v.14, n.2, p.49-54, Out., 1981.

MEYER, J.A. Industrial use of wood-polymer materials: state of the art. *Forest Products Journal*, v.32, n.1, p.24-29, Jan., 1982.

MEYER, L.P. *Probabilidade: aplicações à estatística.* Rio de Janeiro, Ao Livro Técnico S. A, 1972. 391p.

MORALES, E.A.M. *Determinacelo do mòdulo de elasticidade da madeira: proposta para simplificacao de procedimentos metodológicos.* São Carlos, 2002. 86p. Dissertaçao (Mestrado) - Escola de Engenharia de Sao Carlos, Universidade de Sao

Paulo.

NASCIMENTO, M.F. CPH - Chapas de Particulas Homogêneas - Madeiras do Nordeste do Brasil. São Carlos, 2003. 143p. Tese (Doutorado) - Interunidades / Escola de Engenharia de São Carlos, Universidade de São Paulo.

ASSOCIAÇÃO NACIONAL DE FABRICANTES DE MATERIAL ELÉCTRICO. NEMA - LD 3-2000: *Laminados decorativos de alta pressão*, Secção 3 - Anexo D, p. 4245, p. D1-D2, Rosslyn, Virgínia, 2001.

NOGUEIRA, J.S.; LAHR, F.A.R.; PRIANTE FILHO, N.; NOGUEIRA, M.C.J.A. Impregnaçao com resina natural na Figueira Branca como forma alternativa de impermeabilizaçao. *Revista Brasileira de Engenharia Agricola e Ambiental*, v.6, n.2, p.321-324, maio/ago., 2002.

OMIDVAR, A.; RUDDICK, J. A influência do baixo teor de estireno na resistência à decomposição de um compósito de polímero de madeira de álamo. *Forest Products Journal*, v.54, n.10, p.57-58, out., 2004.

ROCCO LAHR, F.A. *Sobre a determinaçâo de propriedades de elasticidade da madeira*. Sao Carlos, 1983. 210p. Tese (Doutorado) - Escola de Engenharia de São Carlos, Universidade de São Paulo.

SANTOS, G.R.V.; JANKOWSKY, I.P.; ANDRADE, A. Curva caraterística de secagem para madeira de *Eucalyptus grandis*. *Scientia Forestalis*, n.63, p.214-220, jun., 2003.

SCHNEIDER, M.H.; OMIDVAR, A. Efeito da MC e da direção de penetração na distribuição de estireno em Red Maple. *Forest Products Journal*, v.47, n.(11/12), p.97-101, Nov., 1997.

SCHNEIDER, M.H.; WITT, A.E. History of wood polymer composite commercialization. *Forest Products Journal*, v.54, n.4, p.19-24, abr., 2004.

SEVERO, E.T.D. *Uma nova técnica para secagem da madeira de Eucalyptus grandis*. Botucatu, 2004. 83p. Tese (Livre Docência) - Faculdade de Ciências Agronômicas, Universidade Estadual Paulista.

SHACKELFORD, J.F. *Introdução à ciência dos materiais para engenheiros*. 4.ed. Upper Saddle River, New Jersey, Prentice Hall, 1996. 670p.

SIQUEIRA, M.L. *Projeto e construção de máquina para determinação da tenacidade de madeira*. São Carlos, 1986. 103p. Dissertaçao (Mestrado) - Escola de Engenharia de Sao Carlos, Universidade de Sao Paulo.

SJOSTROM, E. *Wood chemistry: fundamentals and applications (Química da madeira: fundamentos e aplicações)*. Londres, Academic Press, 1981. 223p.

SMITH, W.F. *Principios de ciência e engenharia de materiais*. 3.ed. Lisboa, McGraw-Hill, 1998. 892p.

SOCIEDADE BRASILEIRA DE SILVICULTURA - SBS. Pàgina da Internet - endereço: http://www.sbs.org.br/estatisticas.htm (22 jan.), 2005.

SOLPAN, D.; GÜVEN, O. Preservação de madeira de faia e abeto por copolímeros à base de álcool alílico. *Radiation Physics and Chemistry*, v.54, p.583591, 1999.

STOLF, D.O. *Tenacidade da madeira*. São Carlos, 2000. 101p. Dissertaçao (Mestrado) - Escola de Engenharia de Sao Carlos / Instituto de Quimica de Sao Carlos / Instituto de Fisica de Sao Carlos, Universidade de Sao Paulo.

TIMMONS, T.K.; MEYER, J.A.; CÔTÉ JR, W.A. Localização do polímero no compósito madeira-polímero. *Wood Science*, v.4, n.1, p.13-24, julho, 1971.

VAN VLACK, L.H. *Princípios de ciência e tecnologia dos materiais*. 4.ed. Rio de Janeiro, Editora Campus Ltda., 1984. 567p.

VAN VLACK, L.H. *Elementos de ciência e engenharia de materiais*. 6.ed. Addison, Wesley Company, 1989. 598p.

VOLLMERT, B. Decomposição térmica de iniciadores. In: *Química de Polímeros*. 1.ed. 1973. p.50-54.

YALINKILIC, M.K.; TSUNODA, K.; TAKAHASHI, M.; GEZER, E.D.; DWIANTO, W.; NEMOTO, H.. Melhoria das propriedades biológicas e físicas da madeira através do tratamento combinado de ácido bórico e monómero de vinilo. *Holzforschung*, v.52, n.6, p.667-672, 1998.

YALINKILIC, M.K.; IMAMURA, Y.; TAKAHASHI, M.; YALINKILIC, A.C. Polimerização in situ de monómeros vinílicos durante a deformação por compressão da madeira tratada com ácido bórico para retardar a lixiviação de boro. *Forest Products Journal*, v.49, n.2, p.43-51, fev., 1999.

Navegação na Web

http://fai.unne.edu.ar/biologia/plantas/maderas.htm#comparativo_del_leno (8 jul.), 2005.

Printed by Books on Demand GmbH, Norderstedt / Germany